我的孩子抑郁了，我却以为他只是不开心

杨意 —— 著

机械工业出版社
CHINA MACHINE PRESS

图书在版编目（CIP）数据

我的孩子抑郁了，我却以为他只是不开心 / 杨意著 . 一北京：机械工业出版社，2022.9

ISBN 978-7-111-71855-0

Ⅰ. ①我… Ⅱ. ①杨… Ⅲ. ①青少年 - 抑郁 - 研究 Ⅳ. ① B842.6

中国版本图书馆 CIP 数据核字（2022）第 195356 号

我的孩子抑郁了，我却以为他只是不开心

出版发行：	机械工业出版社（北京市西城区百万庄大街 22 号　邮政编码：100037）		
责任编辑：	刘利英	责任校对：梁　园　王　延	
印　　刷：	河北宝昌佳彩印刷有限公司	版　次：2023 年 2 月第 1 版第 1 次印刷	
开　　本：	170mm×230mm　1/16	印　张：14.75	
书　　号：	ISBN 978-7-111-71855-0	定　价：69.00 元	

客服电话：（010）88361066　68326294

版权所有·侵权必究
封底无防伪标均为盗版

谨以此书献给开开

导　言

　　这是一个普通的家庭。妈妈上班、做家务、接送孩子，每天都忙忙碌碌的，几乎没有属于自己的时间，连散步也是出于带动孩子运动的目的。爸爸工作非常繁忙，脾气有些暴躁，跟家人说话的语气像对待下级一样，但一有时间就带家人外出游玩。孩子正读高一，从小到大，衣食住行、考试、竞赛、升学等，主要都是妈妈负责。妈妈照顾得很细致，但容易焦虑，孩子总嫌她唠叨。这位妈妈虽然不是完美的母亲，但她仍在认真努力地做好每件事。

　　一天，妈妈收到班主任的短信说孩子"上课状态越来越差，时常走神、发呆、画暗黑系的画，经常看见她两眼放空的状态"。再后来，妈妈震惊地发现孩子大腿内侧竟然有几条未愈合的割痕！当她问孩子割痕是怎么回事时，孩子给出了让她害怕的回答——"我想休学"。这位妈妈把孩子的事情前前后后想了又想，为孩子预约了心理咨询，她说："我不知道该怎么办，但如果什么都不做，我害怕会家破人亡。"

　　当我和这位妈妈回顾孩子的抑郁症状时，她说："我的孩子抑郁了，我却以为她只是不开心……我心疼啊！可我没办法，只能流眼泪。我明明是最爱她的人，却保护不了她！感觉正在失去她，我害怕，我需要有人教我怎么帮孩子。孩子需要我！"爸爸说："我们一心为她好，她却好不起来，反而越来越糟糕。我给她的建议她都说'没用'，还会边哭边说我不理解她。我安慰她'没事的，会好起来的'，她又认为我不重视她！我的孩子怎么养成了这样？我承认我有些逃避，害怕见到她，因为我不知道该怎么办。我也承认我很愤怒，抑郁症把整个家都毁了！"这些话语，道出了成千上万父母的心声。

近年来，抑郁症患病率普遍上升。2019年我国学者就中国儿童青少年抑郁症状的系统评价和元分析指出，2000年之前的患病率为18.4%，而2016年之后为26.3%。《心理健康蓝皮书：中国国民心理健康发展报告（2019～2020）》指出，2020年我国青少年的抑郁症检出率为24.6%，每十个高中生里就有一人已经达到了重度抑郁的程度。北京大学有关中国家庭的追踪调查数据也显示，每四个中国家庭中约有一个家庭的儿童或青少年有患抑郁症的风险。有些孩子正在经受着抑郁症，更多的虽然尚未达到抑郁症的诊断标准，但已经出现部分症状，处于亚临床抑郁的状态，若不积极干预或干预不力，容易导致抑郁症发作。在儿童、青少年和成年初期发作的抑郁症，属于早发性抑郁症，必须引起高度重视。比较抑郁症发作的不同年龄段，我们发现抑郁症越早发作伴随的后果越严重，包括终身未婚，职业能力和社交能力受损更严重，生活质量更低，症状严重程度更高，对生活和自我的看法更负面，人格障碍发病率更高，抑郁症发作和自杀企图出现更加频繁。抑郁症影响孩子正常的学习和生活，破坏他[一]的人生规划，甚至让他变成自己都厌恶的样子。看在眼里的父母，心痛、焦急、恐惧、无助，甚至也会陷入抑郁。

[一] 在原书稿和网络发表中，我使用"ta"来指代第三人称，以包含不同性别。但因出版惯例规范，这里统一使用"他"和"他们"来指代所有性别。

孩子患抑郁症不一定是父母的错，但是防治抑郁症一定是父母的责任。我承认大部分抑郁症需要专业治疗，但家庭的帮助是不可或缺的，而且很多都是专业人士无法代替的。令人嗟叹的是，许多家庭根本没能发挥防治抑郁症的作用。仅以我的临床工作为参考，无论是女生还是男生、国内还是国外，不同年龄段的抑郁症患者有着不同的故事，但是有三点是相同的。第一，他们都默默忍受着抑郁症之苦。第二，他们讲述有关父母如何帮自己的故事，耐人寻味、令人难过。数不清有多少次，我不由自主地感叹：要是他们的父母能听到这些话该有多好！另一个令人难过的事实，也就是第三个相同之处：他们的父母恐怕不会从孩子口中听到这些话，因为这些孩子和父母的沟通已经断层了。其成因也是多样的。从父母的角度来说，有的过于繁忙无暇照顾孩子，有的关心孩子却缺少有效方法，有的问题隐藏得深而未察觉……而从孩子的角度来说，有的回避、不愿与父母沟通，有的想说但不知道该如何去说，有的说过但被父母的反应伤害到了……绝大多数的中国父母把孩子当作生命的重心甚至是全部，而且他们可能只拥有这么一个孩子。当孩子走到抑郁、失眠、自闭、厌学甚至轻生的地步时，怎能不令人心焦？一边是父母忧愁而无奈地抱怨孩子："你什么都不和我们说！"一边是孩子气得说不出话来："我怎么没和你说，你听了吗？"

将责任归咎于任何一方都是不理性、不全面的，还会激起不必要的情绪，于事无补。因此，我希望我们从"对或错，好或坏"的对立思维中走出来，把焦点投向更深刻且有意义的事情上，即如何直面、理解和改善这些问题。父母明明是最爱孩子的人，要让父母真的帮助到孩子！这是我写这本书的目的。

本书分为两大部分：第一部分是"孩子抑郁了，怎么办"，第二部分是"预防孩子抑郁，如何做"。第一部分将回答父母们最关心的 5 个问题。如何判断孩子是否患了抑郁症？如果患抑郁症了，父母需要做哪些反思？如何理解患抑郁症的孩子？如何帮助患抑郁症的孩子？如何应对孩子的自伤行为和自杀意图？读完，你将认识抑郁症的症状、种类、严重性，了解各个年龄阶段抑郁症的不同特点，开始形成一定程度的辩证分析思路。你将可能站在生物、心理、社会的整合性视角，全面看待抑郁症的形成原因，从年龄、性别、人格特质、教养方式、学业压力、父母期待等角度，深入理解导致孩子抑郁症的风险因素。你也将可能及早避开大部分父母易犯的错误，从而更有能力以科学、务实、可持续的方式，有步骤、多维度、系统性地帮助孩子走出抑郁症，度过危机时期，获得成长。

第二部分围绕预防抑郁症的始发与复发展开。抑郁症对孩子日常功能所造成的损害是多方面的，包括情绪变得低落而不稳定、认知消极而脱离实际、人际关系恶化、解决问题的能力减弱、自我价值感降低、身体虚弱易患病。父母一般在孩子的身体健康方面拥有照顾得无微不至的意愿与方法，而在提升孩子人际关系、情绪、认知、解决问题等能力及自我价值感方面则可能还存在较大的提升空间。因此本部分主要从这五个方面来谈如何预防抑郁症。首先需要建立足够好的关系。先不去期待孩子和同伴、老师、他人的关系变好，而是先从父母和孩子的关系入手。第一，父母和孩子的关系是孩子的人际关系中极为重要的（往往是最为重要的）一部分，如果这部分有所改善，孩子的社会支持系统就会更加完善。第二，只有我们和孩子的关系变好，孩子才能愿意接受我们的帮助，我们才能帮助到他。

以足够好的关系为基础，接下来还要帮助孩子培养正向稳定的情绪、积极务实的认知、改善问题的能力和健康的自我价值感。这些需要通过父母和孩子心态与行为上的若干转变来实现，将在后续章节中一一讨论。读完本书，你将认识到为什么"为你好"是远远不够的，还必须实现"我和你关系好"，才能最大化我们帮助的效力。你将掌握帮助孩子增加感恩、调节焦虑、减少自厌、稳定情绪的方法，将觉察且克制自己内心的完美主义，平衡给予孩子的保护和挑战，有效地引导孩子识别认知扭曲、习惯性负面预判和固定型思维模式，并建立务实有益、积极正向、以成长为导向的认知模式。你将有能力更好地处理孩子成长中的问题，使用具体、灵活、贯通的方法，避开不必要的矛盾，迈入"柳暗花明又一村"的境界。你将会更加接纳、欣赏、信任孩子，从而提升孩子的自我价值感。

本书是一座联结孩子与父母的桥梁。很多抑郁症孩子的父母都感到"无论说什么、做什么都没用"，虽然父母一片好意，但孩子听起来却是纸上谈兵。究竟他需要什么样的帮助呢？这本书就在帮助孩子发声，尤其是那些在抑郁症边缘徘徊、谷底挣扎的孩子。你可以把我的话当作孩子心里话的"转述"，转一道弯，或许能缓冲一下你和孩子之间的情绪。我还会抽丝剥茧，分析发生了什么，接下来做什么，如何在困难中找到希望与方向。本书也将会帮助那些因为孩子的抑郁症而无助地困在黑暗中的父母，帮助他们听到孩子想说却没说的话，教给他们详细的方法，让他们可以穿过抑郁症握住孩子的手，从冰凉握到温暖。

本书可以帮助父母真正"看见"孩子。所谓真正"看见"孩子，就是"开窍"了，不需要再拿道理来克制或压抑自己。压抑一定会爆发，克制一定会放弃，难以持久，而且挫败感加倍。而开窍则不然，行为符合道理，而不会被道理约束，这样才能和孩子更好地相处，并更有效地防治抑郁症。这本书也帮助父母"被看见"，希望回应父母的"苦衷"。生活里，有太多想做耐心父母的人，都败给了"熊孩子"，忍不住会爆发，事后却后悔。生活里，有太多承受压力、备受煎熬的父母，却没有教练教给父母如何对待自己的孩子。生活里，没有字典定义究竟哪样是对、哪样是错，如何更好、如何更差。这就是生活，没办法完美，没办法绝对正确。在我们看到并接受现实的同时，尽力想得周全、做得周到。

如果把这本书精炼成一个公式，那就是"爱 + 方法 = 帮助"，在很多家庭中，爱是足够的，但需要增加方法。具体而言，你需要了解抑郁症和相关心理学的理论知识，遵循不同阶段、不同情况所对应的方法步骤，把握好每天与孩子相处的心态，以及配合这本书每个小节设置的练习。你不必担心这本书没有用或不好懂，它是务实、全面、经过检验的，是我学习研究儿童青少年抑郁症以及在临床实务中防治儿童和青少年抑郁症的经验合集。它由浅入深，有理论、有方法、有练习，并且我希望未来还能为读者提供进一步的跟进性的支持。

阅读并实践完这本书，你会成为患抑郁症的孩子都渴望拥有的那一类父母。你不仅能帮到孩子，而且能清楚知道是什么帮助了孩子。**当你再看到儿童或青少年抑郁症相关的新闻时，看一眼身边的孩子，你的心里是踏实的**。每一个抑郁症孩子的父母的成长，都在向其他父母传播着希望。每一个抑郁症孩子的父母的成长，也平复着所有孩子心底的不安——原来，最爱我的人，真的能帮助我。

虽然我希望能对儿童青少年抑郁症的防治做出尽可能系统的讲解，指出尽可能明确的方向，给出尽可能多样的方法，但是无法做到尽善尽美。如果你发现本书的不足之处，恳请批评指正，我一定努力完善。

目 录

导 言

第一部分 孩子抑郁了,怎么办

第1章 如何判断孩子是否患了抑郁症 /2

我的孩子抑郁了,我却以为他只是不开心 /2
抑郁情绪和抑郁症的区别 /6
儿童和青少年抑郁症的特点 /9
识别不同类型的抑郁症 /13
对症状进行理性分析 /20

第2章 孩子患抑郁症了,父母需要做哪些反思 /26

孩子患抑郁症了,父母可能会有哪些反应 /26
父母的反应向孩子传递了什么 /29
为什么不要说"你就是懒" /31
是孩子有问题,还是亲子关系有问题 /35

强势的父母会让孩子感到压抑吗 /38

第 3 章　如何理解患抑郁症的孩子　/43

有关抑郁症成因的理论研究 /43
与抑郁症有关的人格特质和教养方式 /46
为什么青少年患抑郁症的风险更大 /49
为什么青少年抑郁症患者中的女孩更多 /51
从小到大都是学霸的孩子，为什么会患抑郁症 /53
父母没有给压力，孩子为什么会患抑郁症 /56

第 4 章　如何帮助患抑郁症的孩子　/60

避免三大心理陷阱 /60
了解抑郁症 /64
协助治疗 /66
赢在心态 /69
建立健康的边界 /72
化解冲突 /75
给予情感支持 /78
平衡家庭生活 /80
与学校适当沟通 /81
做自我关照的榜样 /84

第 5 章　如何应对孩子的自伤行为和自杀意图　/93

如何发现孩子的自伤行为 /93
孩子自伤，父母应该怎么做 /95
如何判断孩子有自杀的风险和征兆 /101
孩子有自杀意图，父母应该怎么做 /104

第二部分 预防孩子抑郁,如何做

第 6 章 建立足够好的关系 /116

从"我为你好"到"我和你关系好" /116

从"爱你在心"到"让你感受到我的爱" /122

从"着眼孩子"到"反观自己" /125

从"能为孩子做什么"到"能陪孩子玩什么" /130

第 7 章 引导稳定而正面的情绪 /134

从"表现出情绪"到"表达出情绪" /134

从"不满"到"感恩" /140

从"焦虑"到"正念" /142

从"催骂"到"教育" /145

从"评判好坏"到"反映事实" /149

第 8 章 培养积极而务实的认知 /153

从"孩子的焦虑"到"父母的完美主义" /153

从"过度的压力"到"有保护的压力" /157

从"扭曲认知"到"正向思维" /159

从"消极独白"到"积极对话" /163

从"要求表现好"到"争取有所成长" /166

第 9 章 增加改善问题的行为 /169

从"孩子不好"到"孩子没有那么不好" /169

从"孩子有问题"到"父母是矛盾的" /173

从"批评"到"询问" /177

从"提要求"到"教方法" /180

多维度、动态地改善问题 /183

第10章 提升孩子的自我价值感　/191

　　从"如何交流"到"为什么交流"　/191

　　从"实现父母的愿望"到"认识孩子"　/193

　　从"人我比较"到"建立稳定正向的标准"　/197

　　从"担心之爱"到"欣赏之爱"　/198

　　从"父母该怎么做"到"孩子会怎么做"　/201

　　从"被孩子嫌弃"到"共同成长"　/205

写在最后的话　/211

致　谢　/218

参考文献　/220

第一部分

孩子抑郁了,怎么办

在日益激烈的竞争中,越来越多的孩子小小年纪就表现出不同程度的抑郁迹象,令父母忧虑不已。担心之余,唯有及早发现、科学应对,才能避免延误与恶化,使病情得以稳定、好转和康复。本书的第一部分就来回答父母都关心的问题:如何识别和判断孩子是否得了抑郁症?如果得了抑郁症,在与孩子互动中要注意哪些问题?怎样才能真正做到理解孩子?做什么才能有效地帮助孩子疗愈?万一孩子有自伤甚至自杀的意图,又该如何处理?读完这部分内容,你就可以了解如何与时间的赛跑,同抑郁症有效地抗争。

第 1 章

如何判断孩子是否患了抑郁症

"我懒，我没用，我什么也做不好，我对不起他们（父母）……"

——来访者

我的孩子抑郁了，我却以为他只是不开心

当我见到导言中提到的孩子时，我问她："你刚才告诉我的这些症状持续多久了？""很久了。""大概从什么时候开始的呢？""初一。"女孩的眼神空洞地浮在半空中，声音很轻，话很少。本来就只有我们两个人的咨询室，显得更空荡了。

"这么久了？有这么久吗？"当我和父母单独面谈时，妈妈带着惊讶默默地在记忆中搜寻种种迹象。当我们综合各方面信息得出抑郁症的诊断时，她的反应是早有预料但仍难以面对。"你说她真的得了抑郁症吗？

她最近是不开心。然而在过年和暑假的时候,她和她表姐玩得很高兴,很正常啊!"妈妈有些迟疑。我解释道,抑郁中的孩子还是能够有暂时的、轻微的愉悦体验,如同太阳在乌云中挤出一条缝隙,让她有短暂的晴天。"但大多数时候孩子是不是蔫蔫的、疲惫不堪、情绪低迷呢?"我问。

"对,低迷!完全没有一点年轻人应该有的朝气!"爸爸插进来,表情严肃而不满。

"她以前有朝气的时候是什么样子的?"我问。

在妈妈看来,孩子聪明、伶俐、兴趣广泛。"比如特别喜欢画画,一画就是几小时,但有这时间来做习题,不知道有多好!我一直跟她说,画画不要耽误学习。要不就认真地去学画画,中考还能加分,但是她又不肯,只是自己瞎画。不是我们不支持她。"

"现在不画了?"我问。

"现在哪有时间画!她这点还是知道的。"沉默了一会儿,妈妈接着说道,"她好像连打游戏、看电视都没兴趣,就只在床上躺着,什么也不看,什么也不做,就是躺着。"

其实,在与孩子的第一次面谈中,我体会到和孩子的兴趣一同消退的还有很多更基本的东西。对孩子来说,吃到的,变得索然无味;看到的,变得黯淡无光;想到的,变得消沉无望;感到的,变得厌倦无趣。取而代之的,是累,连起床、穿衣、洗漱这类日常自理活动都成了末路之难;是痛,别人觉得没什么大不了的事会让她痛心入骨;是烦,孩子变得经常暴跳如雷、歇斯底里,有时脾气坏得连她自己都吓一跳。

爸爸的陈述也验证了坏脾气这个问题。"她现在脾气可大了,不能说,一说就炸。我告诉她只需要操心学习这一件事。然而现在作业做不完也不在乎,考试成绩退步也无所谓,要不是她妈妈每天送她上学,我看她连学校都不想去了。最可怕的是，她的想法太负面了！看哪里都不好。你对她好，她也感受不到！"在随后与孩子的面谈中，我也注意到，生活中正面的、令人振奋的、给人希望的刺激似乎被屏蔽了，进不到她的"现实"里，她只能接收到生活中负面的、令人悲观的、令人愤怒的事情。随之，正面想法越来越少出现，头脑被负面想法占据，反复咀嚼自己做错的、别人做错的、别人拥有而自己没有的，陷在"我不够好，我不如人，我什么也不是"的匮乏感、自卑感，以及"我后悔，我懒，我没用，我什么也做不好，我对不起他们（父母）"的内疚感、羞耻感中。

孩子告诉我白天她脑袋里都是负面的想法，看什么都很烦躁，被折磨得筋疲力尽，情绪很低落，没有活下去的欲望，很想自杀，但理智在劝自己要坚持。

"我怕你告诉我妈妈，我想自杀。"

"如果你妈知道你有自杀的念头，她会怎么样……"

"她肯定承受不了，会崩溃。"

"你担心她。"我点头，看着她，"想自杀这件事，可不可以不否认它，也不恐惧它，就只是坐下来平静地说一说？要是能平静地说一说'想自杀'，该多好？"

"是啊。"她说。

与孩子面谈的同时，我也根据需要和父母面谈。他们细数了一系列努力与挫败。一直以来全家人的努力都是为了让孩子过得好，但在抑郁症面前，孩子和朋友疏远，用电子产品来逃避现实，连好不容易考上的重点高中都要放弃，还自伤。"不管我给她什么建议，她都会说'没用'；如果我再坚持，她就哭，并说我不理解她。"爸爸说，"我们也不了解抑郁症，没学过心理学，现在说什么做什么都是错！我承认我有些逃避，害怕见到孩子，也承认自己很愤怒。一个抑郁症把家都快毁了！"

"其实这是很多父母在抑郁症孩子那里吃的闭门羹，长此以往，难免让人无助、愤怒、自我怀疑和自责。"我说，"同时，孩子有孩子的原因。她默默地且艰难地和抑郁症斗争了比父母以为的长得多的时间。她心里想的是：我已经努力了很久了但还没好起来，你凭什么说'会好起来'？你怎么知道我没试过这些建议？如果建议和'鸡汤'有用的话，还会这么久、这么严重吗？虽然父母是一片好意，但孩子听起来却是纸上谈兵，是无用的帮助。那究竟什么是她需要的帮助呢？让我们静下来一起琢磨。"我看着他们，我们静静地坐着。

一阵沉默后，妈妈说："孩子抑郁了，我却以为她只是不开心……我明明是最爱她的人，却保护不了她！"她扭过头去，难以抑制哽咽，使劲搓着手，"我好害怕，我觉得正在失去她，我需要有人教我怎么帮孩子。孩子需要我！"

"这一刻，你和孩子是相通的。你心疼孩子的变化，孩子何尝不讨厌现在的自己？想回到得抑郁症之前却回不去，多无助？她这四年，是否也流过很多泪？是否也觉得正在失去自己、失去未来？她该有多害怕？她也需要有人帮助她，她也需要你！"我看着这位妈妈，"你感受到她的痛苦，你和她在一起，没有逃避，没有责备。从初一逐渐恶化到现在，快四年的抑郁症很难说好就好。然而重要的是，虽然她还在痛苦中，但她不再是独自面对。这本身就是一种她需要的帮助。"

妈妈的肩头顿时微微一沉。

"如果孩子患抑郁症有我的因素，我也想知道。"一直没说话的爸爸突然说了这句话。

"我也是。之前只看到新闻报道里有学生自杀,没想到抑郁症找上自己的孩子了!我一直认为自己比较知道怎么做父母,这是自己的孩子,自己还能不了解吗?然而抑郁症像当头一棒,我才意识到我并不了解孩子,也不知道怎么办,对抑郁症不了解,也没学过心理学,很多东西后悔没有早点知道。"妈妈说。

他们的眼眶湿润了,之前的很多不满,似乎在泪水中逐渐消散。父母和孩子从不满地叹气,到为同一个原因哭泣,在痛苦中和解。父母终于开始看到孩子内心的画面,在看到之后没有矢口否认,愤然离场,也没有号啕大哭、昏倒崩溃,只是安静地流泪。这是真正的"有我在",带着这样的心态,接下来就让我们开启对抑郁症的学习之旅。

抑郁情绪和抑郁症的区别

早在 20 世纪 70 年代,美国心理学家保罗·艾克曼(Paul Ekman)根据对面部表情的研究,发现人类具有六大跨越文化的共同情绪:快乐、悲伤、恐惧、惊讶、愤怒、厌恶。这六种情绪可以组合派生出其他情绪。2017 年,美国心理学家艾伦·科文(Alan Cowen)和达契尔·克特纳(Dacher Keltner)发现情绪至少有 27 种,比如尴尬、焦虑、困惑、厌倦、痛苦等。每种情绪并非孤立的,通常与其他情绪互联互通。

抑郁一词,其英文的拉丁词根意为"被往下压"(pressed down)。严格来说,抑郁不是一种单一的情绪。而是一组"向下的"情绪,包含悲伤、沮丧、困惑、痛苦、绝望等。而抑郁症远不止"向下的"情绪。

美国心理学之父威廉·詹姆斯(William James)曾经患有抑郁症,他描述"那不停发作的煎熬和痛苦,是健康的生命所完全不知道的"。诺贝尔文学奖得主美国作家欧内斯特·海明威(Ernest Hemingway)在

《老人与海》中隐射自己的抑郁症,"你尽可能把他消灭掉,可就是打不败他"。《哈利·波特》的作者 J. K. 罗琳(J. K. Rowling)在谈到自己的抑郁症时也说:"不知道什么时候才能再开心起来,不存在希望,一种死了的感觉,和不开心完全不同。"她在《哈利·波特》中对摄魂怪的描写,正是抑郁症的肖像画:"摄魂怪是这个世界上最污秽的生物……它们把周围空气中的和平、希望和快乐都吸干……靠近摄魂怪,你的任何良好感觉、快乐记忆都会被它吸走……留给你的只有你一生中最坏的记忆。"

纵观亲历者对抑郁症的描述,我们发现一个重点:抑郁症远不止不开心。抑郁情绪只是抑郁症在情绪上的症状。当抑郁情绪伴随身体、行为、认知、自我态度、人际关系等层面的症状(symptom),构成一组症候群(syndrome)时,就从抑郁情绪质变到了抑郁症——一种持续地感到难过或对事物失去兴趣的心境障碍。根据世界卫生组织最新公布的国际疾病分类第十一次修订版本(ICD-11),抑郁症有 10 大症状:情绪低落、对活动的兴趣或乐趣明显减少、集中注意力和保持注意力的能力下降或明显优柔寡断、自我价值低下或有过度或不恰当的内疚感、对未来绝望、反复出现死亡或自杀念头或自杀未遂、睡眠障碍或睡眠过多、食欲或体重显著变化、精神运动性激越或迟缓,以及精力下降或疲劳。

抑郁症的诊断必须满足以下标准:同时存在以上 10 个症状中的至少 5 个;这些症状必须在一天中的大部分时间都发生,而且几乎每天都发生,如此持续至少两周;症状之一必须是以上症状中的前两项,即情绪低落或对活动的兴趣明显减少;症状必须导致显著的功能损伤;症状的发生不能被其他因素更好地解释,比如并不是受某种物质或药物的影响,不是另外某种健康状况的表现,也不是丧亲所致。

以下是父母在生活中可以观察到的抑郁症在各方面最突出的症状表现。

在身体上，饮食变得不规律；体重随之快速下降或上升；睡眠紊乱，出现失眠或嗜睡的现象；精力明显不足；有时出现头痛、胃痛或胸闷等躯体化症状（somatic symptoms）。有研究表明，抑郁症的确会降低免疫系统功能，增加患病和疼痛的风险。

在行为上，身体症状带来的疲劳感会影响基本日常活动。比如起床、刷牙、穿衣服和洗澡，都会变成极其艰难的事情，要花很长时间完成。这容易被错怪为偷懒、故意磨蹭。原本能够带来快乐的活动（比如面对爱好、娱乐或打扮），现在味同嚼蜡，感受不到乐趣。因为失乐（anhedonia），更加提不起兴趣，失去动力，显得蔫蔫的。本来喜欢的和容易做的事情尚且如此，更别提原本就不喜欢的和有难度的事情了，比如面对学业、社交和运动时，更加容易退缩、逃避或放弃。

在认知上，注意力不集中，健忘，难以学习新知识，思维变得迟钝、扭曲、固化，消极甚至扭曲的观点占据头脑，判断力下降，容易做出对自己或他人不利的决定。

在自我态度上，因为能感觉到自己有上述各种"不寻常"，加上消极的思维方式，会频繁地对自己做出片面极端的负面评价，认定自己无趣、一无是处、不值得被爱，感到愧疚自责、无助绝望，甚至想自杀。

在人际关系上，受到身体不适、情绪低落、行动乏力、认知消极和自尊低下等各方面的综合影响，对与人交往持有怀疑、紧张、恐惧甚至痛苦的心态，在人际关系中容易感到格格不入、被拒绝、被抛弃、挫败和孤独，行为上出现寡言、退缩和自我封闭的现象。

基于"抑郁是情绪，而抑郁症是包含（但不限于）抑郁情绪的精神障碍"这一本质区别，抑郁情绪和抑郁症表现出以下不同：

抑郁情绪是所有人都会有的正常情绪体验，每个人都有不开心的时候，然而抑郁症必须满足上文所描述的诊断标准。

抑郁情绪的起因是伤害性或挫折性的经历，而抑郁症的病因包括遗传基因、生活环境、教养方式、神经递质、性格特质等因素，更加复杂多元。抑郁情绪只需要有一桩单独的伤害或挫折事件即可引发，而因遭遇而引发的抑郁症可能是多重伤害和挫折的叠加。抑郁情绪持续时间较短，而抑郁症至少连续发作两周或间断发作一个月，更有常年甚至终生发作的情况。抑郁情绪因持续时间较短而影响相对较小，而抑郁症会导致无法正常生活、学习、工作、交往。抑郁情绪可以通过安慰、鼓励、转移注意力等方式调节，甚至即使什么都不做也可能自行恢复，而抑郁症则需要心理咨询师和医生的专业帮助才能克服。

了解了以上的区别，我们作为父母就能判断孩子是有抑郁情绪，还是得了抑郁症。比如，孩子考试名次下降了，把自己关在房间里，到了周末你带他去游乐场，一路上欢天喜地，回家后也一切恢复正常。这恐怕是对一次挫折产生的抑郁情绪。然而如果孩子考试名次下降了，好朋友撇下自己和别人玩了，父母经常吵架闹离婚，孩子这几个月经常把自己关在房间里，哭泣，不吃饭，不理人，你以前能逗他开心的方法现在不管用了，老师也反映他在学校的表现变差，孩子越来越自闭、自卑，那很可能是得了抑郁症。

既然抑郁症是一种疾病，那么我们对待抑郁症的态度，应该如同我们对待其他疾病一样，去重视它，尽早确诊，配合治疗，对生病的孩子多关心、鼓励和支持，帮助他好转和康复。

儿童和青少年抑郁症的特点

有人会说："小孩子怎么可能得抑郁症？"这不仅使普通人困惑，而且在临床和学术界，儿童和青少年抑郁症也曾长期得不到承认。首先，儿童精神病学本身就是一门相当年轻的学科，在20世纪30年代才诞生。然后，从70年代开始，儿童和青少年抑郁症才被逐渐接受并被视为一个真实存在的疾病，在临床上得到承认，在学术上得到广泛的研究。如今，抑郁症已经成为青少年面临的最普遍和最严峻的挑战之一。

据世界卫生组织调查显示，在2005～2015的十年间抑郁症的发病率增长了18%，抑郁症患者中有半数在14岁以前就已经显现出相关症状，但是大多数人未被发现，没有及时得到重视，也没有得到治疗。抑郁症成了世界范围内精神失能（mental disability）和身体失能（physical disability）的首要原因。

儿童和青少年抑郁症发病率仍在逐年上升。究其原因，一方面，心理教育普及、精神卫生意识增强、医疗条件提高，使得许多原本隐蔽的抑郁症案例得以被发现；另一方面，高度紧张的社会环境、日益激烈的学业竞争、加速扩大的亲子代沟、追求快感又充满霸凌的网络世界社交媒体在线游戏等，都增加了当今儿童青少年罹患抑郁症的风险。

儿童和青少年的抑郁症在不同的年龄段有不同的特点。在儿童期，即小学阶段（6～12岁），抑郁症多表现为：经常无故头疼、肚子疼或其他身体不适；过度的焦虑、担忧；没人招惹就产生敌意和突然表现出攻击性言行，经常不听话、发脾气；呈现出悲伤或无助的言行，爱流泪；低自尊；过度敏感、情绪起伏大；明显的体重增加或减少；作息发生变化；不想上学，经常旷课；学校表现变差；过度活跃、多动；社交减少，对和别人玩耍几乎没有兴趣，与人沟通的状态差；有离家出走的想法或尝试；开始有自我伤害或自杀的想法。

儿童期抑郁症有三大特点。第一，因为孩子对情绪识别和表达的能力尚有限，他可能没有抑郁症的概念，即使有部分概念也可能意识不到自己患病了，所以很难听到孩子直接以语言表达"爸爸妈妈，我得抑郁症了"。

取而代之的是，孩子通过身体语言来表达，这又存在性别差异。男孩更容易通过外化（externalizing）的身体语言表现症状，比如打架、欺负他人；而女孩则更容易通过内化（internalizing）的身体语言表现症状，比如报告更多身体不适，尤其是病状模糊、原因不详的身体不适。第二，因为小学是进入学校教育的最初阶段，去学校上课和回家做作业占据了孩子生活的绝大部分，如果孩子不适应学校教育，容易出现抑郁症状，而抑郁症状又影响孩子的学业表现。所以这一时期的抑郁症突出地表现为做作业磨蹭、注意力不集中、成绩差、成绩下降、畏难、逃避挑战、不愿尝新。第三，一般而言，小学阶段的孩子，相对于学前的孩子，表现出更长时间的不开心，而且开始出现自伤或自杀的想法，但相对于初高中的孩子，又尚未开始付诸行动。

到了青春期，即初高中阶段（12～19岁），抑郁症多表现为：持续的不开心、悲伤、无助；缺少热情、活力、动力；烦躁、生气、暴怒；长期的担忧，过度的恐惧；过度的内疚，感觉自己没有能力满足自己和他人对自己的期望；成绩下滑，违反校纪校规；和权威人士（如老师家长）之间产生冲突；疏远朋友，不参与活动；低自尊，对拒绝、批评、失败极度敏感，对批评反应过度；想问题钻牛角尖，有非常负面的预判；优柔寡断，难以集中注意力，健忘；坐立不安；在饮食或睡眠上有改变；对外表不打理；抽烟、喝酒、使用成瘾性物质；进行有损自我健康的冒险性行为，比如偷东西，旷课，离家出走；关注死亡话题；有自伤或自杀的想法、计划、尝试。

青春期抑郁症有三个特点。第一，在青少年抑郁中最常见的模式，是非典型抑郁症（atypical depression），虽然抑郁，但有时会反弹，看起来很正常，自我感觉也良好，因此容易被孩子和父母忽略，耽误了诊断和治疗。第二，女生患抑郁症的比例是男生的两到三倍。我会在后续章节作详细描述。第三，孩子在情绪上经常表现为暴躁、易怒，而非悲伤。当父母看到孩子低落、伤感时，比较容易警觉孩子是否患抑郁症，但是看到孩子动不动心烦发火、暴跳如雷、霸道不讲理时，容易认为孩子是性格不好、不讲礼貌、不尊重人，而不会联想到抑郁症。根据临床经验和研究发现，易怒是青春期抑郁症的重要指标。儿童期和成年期的抑郁症状更相像，而青春期抑郁症的显著症状是易怒。如果除了易怒之外，还伴有丧失兴趣与快感及其他抑郁症状，那么哪怕没有明显的抑郁情绪，也符合抑郁症诊断。

纵观孩子的不同发展阶段，儿童和青少年的抑郁症呈现出了哪些特点呢？首先，抑郁症经常和其他心理疾病相伴存在。以美国数据为例，在3～17岁有抑郁症的孩子中，近75%也有焦虑症，近50%也有行为问题。在3～17岁有焦虑症的孩子中，超过30%有抑郁症，近40%有行为问题。在3～17岁有行为问题的孩子中，20%有抑郁症，超过35%有焦虑症。其次，整体而言，女孩在成长过程中，比男孩面临更大的抑郁症风险。虽然在10岁以前，男孩女孩抑郁症患病比例相当，但是到了青春期，女孩患病率增幅远超男孩。最后，抑郁的比例随着年龄的增加而增加，也就是，年纪越大的孩子中，患抑郁症的人数越多。以美国部分研究为例，在3～5岁，大约25人里就有一人患抑郁症；在6～11岁，将近20个人里就有一人患抑郁症；而到了12～17岁，差不多每8个人里就有一人患抑郁症。

最后这一特点值得展开论述。为什么年龄越大患抑郁症的风险越大呢？第一，随着年龄的增长，遭遇创伤、灾难、疾病等各种可能引发抑郁症的经历的概率就会越大。第二，家庭中是否存在任何不良状况？例如教养方式不合适，父母对孩子存在虐待或忽视，父母患有（没被诊断、未得到治疗的）心理疾病或精神障碍，父母关系充斥着冷战、争吵甚至家暴等。多种不良状况对孩子的伤害会不断累加，最终成为爆发性灾难事件。第三，除了学业压力之外，学校环境中的师生关系和同学关系，是孩子每天不得不面对且无法摆脱的，也可能增加孩子患抑郁症的风险。比如，我的一位来访者，曾在小学时听到同学给自己起的外号——"矮冬瓜"，原本不在意外表的她开始变得对身材敏感且自卑，即使减肥成功后依然摆脱不了"我丑"的信念。至于为什么青春期患抑郁症的风险最大，我会在后续章节中详细解释。

识别不同类型的抑郁症

参照目前最主流的精神障碍诊断标准——美国《精神障碍诊断与统计手册（第5版）》（*Diagnostic and Statistical Manual of Mental Disorders*；DSM-5）以及《国际疾病伤害及死因分类标准》（*International Classification of Diseases*；ICD-10）和《中国精神障碍分类与诊断标准（第3版）》（*Chinese Classification of Mental Disorders*；CCMD-3），与儿童青少年有关的抑郁症包括以下类型。

1. 重度抑郁症

重度抑郁症（major depressive disorder）的诊断标准是，在长达至少两周的时间里，几乎每天的大部分时间里要么有抑郁情绪要么失去兴趣或快感，并伴有四种以上其他症状，并且必须造成了临床上显著的心理痛苦（distress）或学业、事业、社交、自理等方面的功能损伤。对于抑郁情绪的界定是感到伤心或没有希望。其他症状包括：在没有刻意改变体重的情况下体重在一个月内发生5%以上的增减，胃口增减，儿童达不到体重增加的正常预期；睡眠障碍，包含失眠和嗜睡；精神运动性呆滞缓慢或躁动不安，严重到他人能觉察到变化的程度；累，慢性疲倦，精力不足，效率低下；感到自我毫无价值，有过度且不切实际的内疚；思考能力、注意力、决策能力受损，严重到自己或他人能观察到的程度；反复出现死亡的想法（而不只是恐惧死亡）、自杀意图（suicide ideation）或自杀尝试（suicide attempt）。重度抑郁症有四个亚类型。

①非典型抑郁症。尽管被称为"非典型"，但不代表它不常见。它不仅占抑郁患者中的18%～36%，而且是青少年抑郁症中最典型的模式。之所以被称为"非典型"，是因为患者的情绪会随着外部环境的改善而有所缓解，当有一件积极的事件发生时，心情能得到暂时的改善，称为具有情绪反应性。除了具有情绪反应性，非典型抑郁症还需要满足两种以下其他症状：胃口或体重显著增加，嗜睡，四肢有沉重感（称为铅样麻痹），长期（包括在没有抑郁症时）对于人际间的批评或拒绝过度敏感并因此导致社交或事业功能受损。非典型抑郁症发病早，始于青春期；女性患病比例比男性高四倍；在发作与发作之间的康复是不完全的，部分症状仍然持续；有独具的人格心理病理学和生理学特征；通常和焦虑症并发；有更高的自杀风险。

②忧郁型抑郁症（melancholic depression）。表现为失乐，缺乏情绪反应性，即积极的事情也改善不了情绪；另外具有三种以下其他症状：抑郁，胃口或体重严重减少，情绪在早上最差，早醒，精神运动性呆滞缓慢或躁动不安。比较忧郁型和非典型抑郁症患者，研究发现二者在下丘脑－垂体－肾上腺轴（hypothalamic-pituitary-adrenal axis）和炎症标记（inflammatory markers）上有所不同。

③精神病性抑郁症（psychotic depression）。患者除了抑郁症状之外，还会出现精神病症状，主要是妄想（如迫害妄想、疾病妄想）和幻觉（如幻听、幻视），以及在此基础上的思维混乱、与现实联结感受损、行为失常。大约20%的重度抑郁症患者有精神病性抑郁症。

④紧张性抑郁症（catatonic depression）。虽然较少见但是很严重，主要体现为运动功能紊乱，比如经常保持缄默，身体僵直，不能活动，做无目的或怪诞的动作。

2. 持续性抑郁症

成年人持续性抑郁症（persistent depressive disorder）的诊断标准是，长达至少两年，多数日子中，一天大部分时间处于抑郁情绪，并伴有两种以下其他症状：食欲下降或过量饮食，失眠或嗜睡，精力不足或慢性疲倦，低自尊，难以集中注意力，难以做决定，感到没有希望。而儿童和青少年持续性抑郁症的诊断标准则是，长达至少一年，多数日子中，一天大部分时间处于抑郁或易怒情绪，并伴有两个上述其他症状。可见易怒是儿童和青少年抑郁中特别值得注意的症状。超过50%的持续性抑郁症患者在21岁之前就有明显的症状出现，通常始于青少年时期，虽然在儿童中相对少见，但是仍然存在。事实上，研究发现在5岁儿童中就有患持续性抑郁症的案例。持续性抑郁症的平均病程是四五年，但也可长达几十年。

3. 双重抑郁症

双重抑郁症（double depression）是重度抑郁症和持续性抑郁症的结合，时间长、病情重。它往往先从持续性抑郁症开始，随着时间推移，恶化出更多的症状，构成重度抑郁症诊断，也就是出现重度抑郁发作，因两种抑郁症并发，故称为双重抑郁症。50%以上的持续性抑郁症患者会发展成双重抑郁症，尤其在持续性抑郁症开始的第二年和第三年，发生重度抑郁症形成双重抑郁症的风险最大。

4. 经前焦虑症

经前焦虑症（premenstrual dysphoric disorder）主要指女性于经期前发作的焦虑症。它有不少于五种症状，其中至少一种症状来自以下四条：情绪起伏，突然伤心流泪，对拒绝更加敏感；易怒、生气、人际冲突增多；有抑郁情绪，感到没有希望，对自己有挑剔责备的想法；焦虑、紧张、烦躁不安。其他症状包括：对日常活动兴趣降低，自己发现集中注意力变得困难了；疲倦、慵懒、精力不足；胃口大变，饮食过量，或有特别渴求的食物；失眠或嗜睡；感到失控、不知所措；生理症状如乳房胀痛、关节疼、腹胀水肿。这些症状必须在非经期前是不存在的，只在经期之前7~10天开始出现，在几天内有所缓和，生理期结束后消失。经前焦虑症是经前期综合征（premenstrual syndrome）的更严重的形式。研究表明，80%~90%女性有部分经前期综合征症状，30%~40%女性有严重的经前期综合征症状，3%~8%的女性有经前焦虑症。可能随年龄增大而加重。

5. 破坏性心境失调障碍

破坏性心境失调障碍（disruptive mood dysregulation disorder）主要针对儿童。其主要特征是长期、持续性的易怒。一周内反复出现（至少三次）严重的大发脾气，有攻击性语言或行为，其愤怒强度和持续时间，与年龄和所遇刺激不匹配；在平时不发脾气时也处于易激惹、易躁怒的情绪中。要达到诊断标准，症状需要出现至少一年，而且出现在至少两个生活环境中，如在家里、在学校、和同龄人相处时。开始的年龄可以早于10岁，但是必须满6岁才能做此诊断。破坏性心境失调障碍具有极强的并发性，只有这个障碍而不存在其他障碍是很罕见的。

6. 季节性情感障碍

季节性情感障碍（seasonal affective disorder）通常在晚秋初冬开始，随着天气变冷而加重，在入春后开始缓解，随着天气日益晴朗而消失。有少部分人是反过来的，春夏发病，秋冬复原。总之，以年为单位，按照季节循环性发病，在特定季节发作，且在其他季节从未发作。除了常见的抑郁症状（如抑郁情绪、兴趣和快感的丧失），秋冬季患者表现为嗜睡、格外渴求高碳水食物、体重增加、精力不足，而春夏季患者表现为失眠、没胃口、体重减轻、烦躁焦虑。

以上所介绍的重度抑郁症、持续性抑郁症、双重抑郁症、经前焦虑症、破坏性心境失调障碍、季节性情感障碍都属于心境障碍（又称情感障碍）。此外，有两类和心境障碍平行的精神障碍，也与抑郁症相关，值得介绍。它们分别是有抑郁情绪的适应障碍和双相障碍。

有抑郁情绪的适应障碍（俗称情境性抑郁症，situational depression）是适应障碍的一种，以抑郁情绪为症状。它是被生活中的压力事件（如朋友断交、恋人分手、生病、考试落榜、毕业）触发的短期应激反应和适应不良，在压力事件发生的 3 个月内出现症状，在压力事件消失后的 6 个月内，会逐渐适应，症状缓解甚至消除。

双相障碍（bipolar disorder）是又有抑郁发作又有躁狂发作的精神障碍。抑郁发作的症状是重度抑郁症的症状。而躁狂发作的核心是持续异常的高亢、膨胀、烦躁，精力提升，目标导向性行为增多。症状包括：自大；睡眠需求减少（比如睡 3 小时就感觉睡够了）；话变多，语速变快；思绪汹涌，脑子飞速运转；注意力容易分散（自己注意到或他人观察到）；精神运动性激越，精力旺盛，动作迅速，觉得什么都做得了，于是给自己安排很多事情（但在抑郁发作时根本无力完成）；过度地产生有痛苦后果的行为（比如无节制冲动消费、不安全性行为）。

如果症状持续一周以上，造成学业、事业、社交等方面的功能受损，发生幻觉、妄想等精神病性症状，或构成住院的必要性（以防控病情对自己或他人的伤害），那么称为躁狂（mania）。有躁狂则构成双相障碍一型（Bipolar Ⅰ）。如果症状持续 4～7 天，对学业、事业、社交等功能影响较轻，没有精神病性症状，也不构成住院的必要性，那么称为轻度躁狂（hypomania）。有轻度躁狂则构成双相障碍二型（Bipolar Ⅱ）。除了躁狂程度不同之外，一型和二型的区别还包括：双相障碍二型比一型常见；二型的抑郁发作持续时间较长，一般一年，而一型的抑郁发作持续时间较短，一般六个月。二型会不会恶化，从轻度躁狂变成躁狂，变成了双相障碍一型呢？概率很小，有研究显示二型发展成一型的比率小于5%。而且就遗传因素而言，二型患者家族病史中往往也是二型，较少是一型或抑郁症。

双相障碍除了一型和二型之外，还有两个细分诊断值得了解。一个是混合情绪状态（mixed affective state），指躁狂症状和抑郁症状在同一次发作中出现，在躁狂与抑郁之间快速切换。这种混合状态一般持续时间较短，临床上较为少见，但是非常危险。因为既有抑郁情绪和负面思维，又有过度旺盛的精力、冲动、躁动不安，这种负面又强烈的能量，容易把人推向对于一般人而言需要很大勇气的极端行为，因此自杀风险更高。另一个是环性情绪障碍（cyclothymic disorder），每次发作持续时间很短（几天到几周），但是发作频繁。有一项研究指出，6%的环性情绪障碍患者后来发展成躁狂，成为双相障碍一型；25%发展出重度抑郁症，成为双相障碍二型。有环性情绪障碍的人，家族中往往有双相障碍，很少仅有抑郁症。

抑郁症和双相障碍的区别在于：第一，抑郁症只有抑郁发作，故称为单相，而双相障碍是又有抑郁发作又有躁狂或轻度躁狂发作，故称为双相。事实上，有单相的抑郁，但没有单相的躁狂。有躁狂就一定有抑郁，因为亢奋的情绪不可能持久，如同坐过山车一样，上到顶端之后不可避免地会坠到谷底。第二，抑郁症的女性患病率明显高于男性，但在双相障碍中的性别差异则不明显。第三，双相障碍（尤其是一型）比抑郁症的家族聚集性和遗传性更强。第四，双相障碍平均发病年龄经常比抑郁症早。双相障碍的症状一般在青春期后期和成年初期开始显现，所以在25岁以前有首次抑郁发作的话，要留意会不会是双相障碍。由于双相障碍一型在儿童中非常少见，如果您的孩子还小就得到这个诊断的话，可以听听不同专家的意见，考虑是不是破坏性心境失调障碍而非双相障碍一型。第五，药物治疗方法不同，对抑郁症的用药是抗抑郁药（antidepressant），对双相障碍的用药是情绪稳定剂（mood stabilizer），但有时需要结合使用。

抑郁症和双相障碍的联系，除了双相障碍中有抑郁发作之外，我特别想提醒一点，双相障碍二型很容易被漏诊或误诊为抑郁症。首先，轻度躁狂症状不易觉察。其次，轻度躁狂是很多人喜欢的状态。精力旺盛、动力十足、效率惊人、自信"爆表"，这对于学业压力大的孩子而言，简直如虎添翼。所有孩子不仅认为轻度躁狂是"我正常时候的好状态"，而且会渴望一直保持这种"好"状态。只把抑郁状态当作不正常的、"不是我自己"的时候。最后，有些躁狂和轻度躁狂的思想和行为，孩子不好意思承认，如冲动消费、自大（觉得自己是世界上最聪明的人，自己将拯救世界）、不安全的性行为。除非因躁狂而住院，否则出于自发就诊的，都是出于"治疗我的抑郁症"这个目的，而不会主动要求消除躁狂或轻度躁狂。在对父母、医生、咨询师报告症状时，一般只报告抑郁症状。导致在有限的时间里，医生、咨询师只看到抑郁这一相。所以双相障碍二型容易被漏诊或误诊为抑郁症。认识到这一点，当孩子呈现出情感障碍的迹象，有明显可见、易识别的抑郁症状时，一定不要仅凭表象而定性为抑郁症来治疗，而要询问有没有躁狂或轻度躁狂的症状。这些症状不询问时，孩子通常是不会主动说的。

以上说的是双相障碍二型容易被漏诊和误诊，此外，双相障碍（包括一型和二型）还有另一个容易被掉以轻心的因素。双相障碍是复发缓解型疾病（relapsing and remitting illness），症状反复出现。发作时很急，抑郁或躁狂持续几个月或更长时间，但发作后有时甚至没有治疗就自行消失好几个月甚至几年，情绪状态恢复到正常水平。容易令人产生错误的判断，以为过去的只是一个意外插曲，自己"好"了，"没事了"。但事实上，双相障碍复发风险很高。在1942年有一项研究发现，208名双相障碍一型患者中，只有少数人一生只有一次发作，三分之一的人有2～3次发作，三分之一的人有4～6次发作，三分之一的有超过7次发作。值得注意的是，这一研究发生在针对双相障碍的有效治疗出现之前，所以提供给我们双相障碍不加治疗时复发情况的参考。即使在已经接受治疗的情况下，也仍然容易复发。最新研究发现，大约75%的双相障碍患者在五年内会有至少一次复发，复发者中三分之二的人出现多次复发。即使没有复发的人也存在明显的情绪性共病，但是社会心理性功能尤其职业功能受损。每次复发，都对患者的身心、学业、事业、生活，以及身边亲友带来很大的伤害，所以及时、准确的识别，至关重要。这也是为什么我决定在篇幅允许的范围内尽量详细地介绍儿童青少年抑郁症及相关障碍的特征、区别和联系，避免漏诊、误诊。毕竟，诊断是治疗的第一步。

对症状进行理性分析

父母往往是第一个发现孩子有异常的人，一旦发现上述各类症状后，是不是就能初步判断孩子患抑郁症了呢？我们还有必要进一步问自己以下六个方面的问题，来对症状做出理性思考和辩证分析。而且，当我们带孩子去向咨询师或医生寻求专业诊断和治疗时，他们往往也会从以下六个方面来向我们收集信息。

第一，孩子的症状背后是抑郁症，还是身体疾病，或者是两者都有？

如果相比于孩子得了抑郁症，父母在心理上更容易接受孩子得了身体疾病，那么，当孩子表现出症状，尤其是身体症状（如胃口改变、睡眠失调、慢性疲倦等）时，父母的第一反应一般是带孩子去检查身体。这是发现问题、及时处理问题、负责任的表现。然而有时一家人带孩子四处求医，却找不到确凿的病因，症状却依然存在。这时，我们需要问问自己：会不会是抑郁症呢？如果孩子有症状时，父母怀疑"会不会是抑郁症"，这是父母对心理健康很有意识的表现，但毕竟有一些身体疾病在症状上与抑郁症存在一定程度的重叠。比如患有贫血、糖尿病、甲状腺功能减退，也容易累、没精神、易怒急躁、睡眠失调，饮食失调。因此当孩子出现这些症状时，不妨对相关身体疾病做一做排查。尽管有时症状背后的原因只是身体疾病或只是抑郁症，但在我们得以确定之前，我建议在想到身体疾病时也重视抑郁症的可能性，在想到抑郁症时也留意身体疾病的可能性。并且，我们不需要在抑郁症和身体疾病之间做二选一。身体疾病和抑郁症可以一个因另一个而起，也可以同时并存。重要的是，把身心结合起来，整体地看待。

第二，孩子的症状是从什么时候开始的？

了解这个问题的作用有两方面。首先，它告诉我们孩子的症状持续了多长时间，是持续了几天几周，还是几个月甚至几年？不同的时长对应不同类型的抑郁症，直接关系到诊断。其次，它帮助我们追根究底地判断，是什么内外因素刺激抑郁症的发生。在症状开始之前孩子经历过什么压力性甚至创伤性事件吗？比如挫折、失恋、换学校、住院、车祸、父母分居或离异、家里有了新的孩子、家人重病或身边人离世等。这些比较明显的压力性甚至创伤性事件，虽然未必一定是孩子得抑郁症的原因，但是不排除它们作为原因的可能性；而且非常重要的是，我们对孩子的症状的理解以及后续心理咨询和治疗的开展，都需要结合这些压力性或创伤性事件去理解孩子、帮助孩子。如果我们找不到比较明显的压力性或创伤性事件，那么也许我们对孩子的了解存在重要盲点，抑或也许孩子抑郁症背后有更慢性或隐形的因素有待了解。可以从现在开始，从意识到的时候开始，观察和记录孩子症状的变化就好。

第三，孩子的症状有多严重？

比如，学龄前儿童的不开心状态是否能快速、有弹性地转变成开心状态？青少年的生气是有暴力的愤怒，还是急躁发牢骚？症状是否严重到干扰孩子适龄任务的地步（如因为易怒而一晚上做不了作业）？这里想提醒一点，学习成绩下滑虽然是症状严重的表现，但对于有些学生，它并不是衡量抑郁症严重程度的最灵敏的指针。对于这些学生，学业是他们最为看重的优先事项，所以即便很抑郁了还会努力保持学业。在抑郁症开始后不会马上表现出学习成绩下降的状况，等到发生时，抑郁症已经持续了一段时间了。由于滞后性，建议父母不要因"成绩还好"来推断孩子没有患抑郁症。

父母判断孩子症状有多严重，难免带有一定的主观性，但这没有关系，因为最后的诊断毕竟还是要依靠医生和咨询师的专业判断。事实上，我们可以善用我们的主观性。只要我们是爱孩子的，那不妨相信我们的直觉，相信我们和孩子之间那份超越语言的联结。问自己：我担心孩子吗？如果我们的回答是"我并不担心"，那进一步问自己"有没有过明明严重，但被我忽略、漏掉的事儿"，最好，我们也和另一半讨论，两个人看到的可能不一样，可以互补。如果我们的回答是"我很担心"，那进一步问自己"我的担心，多大程度是因为我容易焦虑，容易把问题放大"，如果在做了"校正"之后仍然很担心，那么也许事态真的不容乐观。一般而言，父母担心孩子，说明对孩子是关注的，对孩子的状况是有觉察的，在心理咨询师或医生为孩子做诊断的过程中，我们的担心能提供非常重要的信息。

第四，老师向父母反映了哪些症状？

自从上学后，孩子的大多数时间是在学校度过的，所以老师有机会看到父母不一定看得到的症状表现。比如孩子在学校被报告更多的躯体疼痛或不适，难以集中注意力，躁动不安，上课打瞌睡，旷课，作业做得慢，没能力完成作业，忘记或拒绝完成作业，不参与活动，身体退缩，眼神闪躲，精神状态不佳，像变了个人，联系不上，不合群，与人疏远，情绪失控地哭泣或发怒，和老师对着干，偷东西或违规等现象。这些都是抑郁症可能呈现出的症状表现。

如果老师反映了这些问题，作为父母要如何处理这些信息呢？有几个方面可以纳入考虑。第一，避免只从"孩子有什么错误和问题"的角度解读，而更多地从"孩子有什么困难"的角度思考。也就是说，不建议直接得出"孩子不学习、不学好"的结论，而是问一问自己"孩子是不是抑郁了"。前者带来的反应是"要严管"，而后者带来的反应是"要帮助"，心态和措施会大相径庭。第二，问一问自己"老师对孩子是否有可能存在偏见"。有的父母相信老师多过相信自己的孩子，因为他们认为老师一定是对的。绝大多数老师应该是以育人为念，能客观、公正、努力帮助学生。然而不排除有个别老师并不适合当老师，也不排除老师虽是好心，但不巧对孩子有误会和成见。第三，孩子在学校中有没有遭遇霸凌？是否遭遇人际挫折？和老师的关系如何？和同学的关系如何？如果孩子在学校的人际处境很不好，那每天都得去学校就是一件非常有压力的事情。

第五，孩子的症状出现在哪些场合？

在家、在学校、和爸爸（或妈妈）在一起的时候，当爸爸（或妈妈）不在场的时候，和亲戚朋友在一起时会这样吗？通过观察孩子症状出现的场合，我们可以判断症状有多普遍，是什么因素造成的，哪些因素会恶化症状，哪些因素会让症状消减等。

第六，孩子的症状是否与家里的哪个人相似？

研究表明，患有抑郁症的孩子的父母超过25%的也会被诊断出抑郁症。如果自己、配偶或亲戚中有人患有抑郁症、双相障碍、焦虑症或其他精神障碍，我们必须正视孩子受遗传影响、对于心理疾病有较高的易感性这一现实。而且家族史是很重要的信息，应该提供给医生和心理咨询师。在我们和孩子讨论他的抑郁症的时候，我们可以选择告诉孩子家族史，帮助孩子看到这不是他的错。甚至有精神障碍的家族成员可以成为一个榜样，让孩子看到即使有精神障碍，仍然可以拥有有意义的人生。

✵ 本章小结

本章首先讲述了一个既具个性又有代表性的个案。当孩子表现出抑郁的迹象时，父母首先关心的问题是：孩子抑郁了吗，我要如何判断？要回答这个问题，父母需要从情绪、身体、行为、认知、自我态度、人际关系等方面观察孩子是否有常见的、明显的抑郁症状。再结合不同年龄阶段所对应的抑郁症特征，判断孩子是否有所处年龄阶段不常见、易被忽视的抑郁症状。其次在不同诊断标准的提示下，更细致、更深入地收集信息。这不仅是父母主动接受心理教育、自学心理学知识的过程，还便于求医就诊时提供尽可能全面准确的信息来帮助专业人士做出诊断和安排治疗。最后，记得要对所有观察到的症状，进行理性的、全面的且辩证的分析。以上的努力，从不同角度、层次递进地帮助父母面对"孩子抑郁了吗，我要如何判断"这个关键的问题，在这个问题面前做到不迷茫、有底气。

✳ 思考与练习

1. 关于抑郁症,你学到了什么知识?

2. 你对孩子的抑郁症有了什么新的看法和感受?

第 2 章

孩子患抑郁症了，父母需要做哪些反思

> "他们只想以他们的喜好、方式、节奏来帮我，帮的也只是他们心中想的那个我。这对我没有帮助！当我说这帮不到我时，我爸爸很生气，认为我在说他不是好爸爸。但是我不是在说'你不是好爸爸'，我只是说'你不了解我！从小你很少有时间和我在一起。我不是不要你们的帮助，而是你们的帮助没有用！我拼命和你们吵你们也不明白。现在，我好累，不想再努力了，我已经不知道我要什么了，他们说：'怎么就不能原谅父母呢？怎么就不能翻篇呢？''我也想啊！我一直在努力翻篇啊！但我翻不了啊！你没有资格说我怎么不能翻篇。因为你就是我翻不了篇的原因！'"
>
> ——来访者

孩子患抑郁症了，父母可能会有哪些反应

孩子患抑郁症了，最大的烦恼和压力可能并不是他的症状，而是爸爸妈妈的反应。"爸妈不理解怎么办？骂我'作'怎么办？怎么跟他们说？

要不要跟他们说？"对此，孩子有很多的顾虑、担心，甚至恐惧。

在孩子眼中，父母对于抑郁症的反应，最常见的有下面两种。（当然，不是所有父母在任何时候都有以下反应，在此只是提炼常见的问题，绝对不是要无视或抹杀父母的关心与努力。）

第一，不接受。不接受，可能表现为否定抑郁症的存在。我时常听到有孩子向我转述父母的话，"你不是患抑郁症，你就是懒！""你没有患抑郁症，不要胡思乱想，想出毛病！""你还是个小孩，生活简简单单，懂什么叫抑郁症！"

不接受，还可能表现为找自己熟悉的原因、急于给建议，以否定抑郁症的严重性。曾有一对父子来向我寻求帮助，我得到孩子的允许后，把孩子最近的症状讲给爸爸听。本来看着我的爸爸，突然转过头，对着儿子语重心长地说："唉，怎么搞成这样？你成天低着头玩手机，大脑供血不足，肯定容易头晕、注意力不集中。再加上经常熬夜，白天肯定没精神啊！没精神心情肯定不好啊！我一直跟你讲，要早睡觉，多运动，多找事情做。人一充实，状态就不一样了……"爸爸继续讲着，身体向儿子倾斜。而儿子却想与爸爸拉开距离，脸侧向一旁，有时快速地和我对视，我看到了他眼中的无奈和孤独。

第二，害怕。有些孩子病情恶化，到了需要住院治疗或者休学的地步。这时，不论情感上是否能接受，在理智上父母一般都会接受抑郁症这个诊断。然而父母容易产生第二种反应——害怕。很多家长坦言，他们会积极配合治疗、给孩子需要的帮助，但是与此同时，心中有一些真实的害怕。例如怕孩子太认同"患抑郁症"这个标签，陷进去，凡事以"我患抑郁症了"为借口，放纵懒惰；怕孩子自暴自弃，一蹶不振；怕影响孩子的学业和前途；怕孩子难以痊愈，情况失控，万一自杀怎么办？

其实，这些害怕并不是忽然出现的，相反，它们存在于一个"害怕"的大背景下。女作家伊丽莎白·斯通（Elizabeth Stone）曾写过这样一句话："有了孩子，意味着你的心就永远离开了你身体的保护，而暴露地行走在这个世界上了。"不管孩子有没有患抑郁症，父母总会对孩子有很多担心，有时明显，有时不明显，害怕孩子生病，害怕孩子发生意外，担心孩子的学习情况等，正所谓，可怜天下父母心。所以当听到孩子说"我患抑郁症了"时，那些平时在幕后的害怕，就会骤然加剧，蹿到台前。既害怕孩子不好，也担心自己被归责。毕竟，孩子的健康成功，经常和父母的能力甚至人生意义与价值联系在一起。

不论是不接受还是害怕，本质上都是抗拒，但这份抗拒是可以理解的。为什么说可以理解呢？

第一，作为父母，绝大多数都是希望孩子好，不愿孩子有任何不幸。而正是这份期待，有时会让我们不愿接受"孩子不好了"的现实。这完全可以理解，只是需要有所觉察，别让这份期待以及它带来的焦虑，阻碍了我们去帮助孩子。

第二，父母出于保护自己而抗拒抑郁症。如果孩子患抑郁症，那么父母难免惊恐、伤心、忧愁，甚至自责。谁会希望经历这十指连心的痛苦呢？因此，在刚听说抑郁症时，有抗拒是在所难免的。只不过，抗拒之后，能不能积极调整心态、努力理解和支持孩子，会不会一直陷在抗拒里走不出来，效果差别很大！

第三，有些父母不愿意接受孩子患抑郁症，是因为如果孩子状态不好是因为懒、不努力的话，那么想要改变时还有可选择的方法。可如果患抑郁症了，会有一种不在掌控范围内的无力和恐慌。这也是人之常情。只是需要深刻地意识到得抑郁症一定要及时就诊，要小心情感上一时跨不过去的障碍，而耽误了孩子的治疗。

第四，长期以来社会普遍对心理疾病、精神障碍抱有负面、刻板的印象，给患者贴上贬低化、罪恶化、去人性化的标签，对患者及家属有偏见、歧视，在社会文化中存在对患者的不利待遇。这种根深蒂固的污名化现象，令患者和家属有强烈的病耻感，甚至无形中内化和认同了污名，产生自我污名化。我们的文化重视"面子"，使得患者的病耻感体验强烈。父母受污名和病耻现象的影响，容易出现灾难化思维——"我孩子得了抑郁症，这真是天大的灾难"，并且觉得丢脸，难以启齿，怕被发现，有遮丑的焦虑。

所以，对孩子患抑郁症的抗拒，不仅是父母个人的原因，背后还有社会文化的现实因素。希望孩子不是一味认定和责怪父母不爱、不在乎和不理解自己。另外，也希望父母能审视自己对"孩子患抑郁症了"这个消息是否存在抗拒，并且警觉自己的反应会对孩子产生什么影响。

父母的反应向孩子传递了什么

为了帮助父母深刻地体会自己的反应对生病中的孩子的影响，我想先谈谈得抑郁症给人的感觉。在第 1 章，有很多篇幅描述了重度抑郁症的症状。如果用最直白的语言来叙述抑郁症给人的感觉，我会说那就是：我现在可以吗？不可以。我未来可以吗？不可以。我可以吗？不可以。

为什么这么说呢？患抑郁症的人，不论年龄、处境，哪怕旁人觉得他没有问题，他也会觉得他陷入了困境，并且无法摆脱。一定有哪儿出了状况，进退两难，没有出路，想要的得不到，想做的做不到。所以"我现在可以吗？不可以"。

患抑郁症的人不会一开始就陷入困境，不论他人有没有注意到，他一定以自己的方式尝试和努力过，想要摆脱、解决和改善。难的是，状况时好时坏、反反复复、缺少突破，因而马疲人倦、士气消沉，甚至前途渺茫、万念俱灰，从而陷入一种认知，"我未来可以吗？不可以"。

患抑郁症的人时常把遭遇归因于内在的、普遍的、稳定的因素，也就是"都是我不好"或"我一无是处"。极端地自我否定，不只是对知识、技能、天赋和行为，甚至是对自己存在的合理性都做出否定，"我不配活着，我不该活着，我只会拖累他们、让他们丢脸，我不在了他们就不会再失望了"，从而这些人会认为"我可以吗？不可以"。不只是我做事不可以，我做人不可以，甚至连我活着都不可以。

当然，患抑郁症的人除非到了铁了心要自尽的最后阶段，否则不会时时刻刻都处在各种"不可以"之中，有时也会透一口气，见一缕光，取一点暖。然而舒畅、光明和温暖是不稳定、不常见和不可靠的。

在这样的大背景下，我们引入上述两种父母的反应：不接受和害怕。

首先，不接受抑郁症的存在，否定抑郁症的严重性。这给孩子的直接信息是什么？"我患抑郁症，可以吗？不可以。"这是不接受现实，而不接受现实就无法发现光明，也就找不到其中蕴藏着的机会之光。

其次，害怕抑郁症摧垮孩子，怕孩子利用抑郁，怕影响家庭。父母对结果的担忧恐惧，可能会强化孩子对未来的悲观。"我父母觉得我的未来可以吗？不可以。他们也看不到我的未来。"

进一步地，当父母被"害怕"钳制住的时候，有时会下意识地认同孩子做不到、不行、没救了，而孩子很敏感，他会接收到这些信息，"我父母觉得我可以吗？不可以"。怎么不可以呢？就是"什么都不做"，或者"即使做也做不好"。特别重要的是，在病中感受不到父母理解与支持的孩子，还会感叹："我的父母可以吗？不可以。"因为他们对不接纳、不理解自己的父母产生了巨大的失望。加上孩子的大脑、心智还在发育中，容易走极端，于是不难产生对父母极端的评价和埋怨。比如，怪父母太脆弱，遇事大乱；怪父母太虚荣，看重面子多过孩子；怪父母无知、愚昧、霸道等。走到这一步，双方都没有了信任，从而无法给予空间、允许尝试、以观后效。

无论是不接受现实、对未来没希望，还是不信任自己和对方，都会让父母和孩子各自戴着"不可以"的有色眼镜，看什么都是有问题的。当孩子患抑郁症了，他已然不接受现状，不接受自己。他也对未来和改变不抱希望。这时，如果父母用自己的不接受、没希望、不信任来与孩子共振，那会怎样？彼此的不接受、没希望、不信任都被加强。在一个场里，双方都很痛苦，分不清"谁在施加痛苦，谁在接收痛苦"地共振。

为什么不要说"你就是懒"

一名17岁的高中男生觉得自己患抑郁症几个月了，经过诊断，的确符合临床上的急性重度抑郁症。他说："我跟家里人说了，我可能是患抑郁症了，但是家里人却说是我懒！"

父母的这种反应非常普遍。其实抑郁症和懒有很多相似之处。懒，是抑郁症的表现之一。在抑郁症状态下的人，被动疏懒，赖在沙发上、床上不动，不做事，不见人，不说话。缺少动态、没有进展，是抑郁症和懒的共性。所以，单看表象、结果，人们很容易把抑郁症当作懒。

然而，抑郁症和懒有很多不同。第一，抑郁症有一些症状是懒所没有的，包括情绪低落、忧伤、悲观、易哭、易怒、烦躁、焦虑；注意力不集中，记忆力减退，警觉降低，纠结犹豫，反应变慢，动作变慢，语速变慢，声音微弱；不出门，不联系，自闭；精力下降，动不动就觉得很累，再简单的事情都变得非常难，拖延、逃避，小到洗澡这样的日常小事都做不了，甚至下不了床；身体不舒服（恶心、胸闷、疼痛等）；恐惧绝望，内疚自责，自我厌恶，觉得自己没价值、是累赘，死了对大家都好，甚至有被迫害的幻听幻觉。总之，情绪、认知、行为和人际交往等方面功能受损，意志减弱，身体机能下降。当然，这些是重度抑郁症的全面症状，每个人的程度和表现不同，不是所有症状都会呈现。咨询师和医生会综合考察来诊断和治疗。第二，即使在同一方面，可能有完全不同的表现。懒可能是懒得吃，所以不吃东西，而抑郁症既可能不吃东西，也可能吃个不停。懒可能是贪睡，而抑郁症既可能贪睡，也可能失眠。懒是对某些事情没兴趣、没动力，而抑郁症则几乎对所有事情都没兴趣、没动力。懒的人还是有让自己开心的事情的，而患抑郁症的人几乎没有任何事情能让他开心。第三，也是最关键的一点，懒可以是主动选择，而抑郁症则不是。人会选择懒，但不会选择抑郁症。人会想"我要偷懒"或"让我偷懒不被抓吧"，但不会想"我要痛苦"或"让我活着不如死吧"。

由此可见请父母不要再说"你就是懒"的第一个原因是，孩子其实不是懒，是患抑郁症了。只有意识到这一点并接受事实，才能处理并解决问题。否则会误诊，无谓地拖延痛苦，甚至酿成大错、遗憾终生。

第二个原因是，说多了容易让孩子患抑郁症，也容易让父母自己抑郁。美国心理学家马丁·塞利格曼（Martin Seligman）在创立积极心理学之前，研究的其实是抑郁。他发现抑郁是"习得性无助"的情绪后果。"习得性无助"最早期是通过电击小狗的实验发现的。重复多次无论如何都不能挣脱被电击的小狗，后来遇到电击也不会闪躲了，即使明明有逃脱的途径，也和它无关了，因为它早已彻底放弃了挣脱电击的念想。该结论后来在其他动物和人身上也得到了验证。多次努力却失败，让人和动物相信自己对处境无能为力，无法改变环境或发生在自己身上的事（即发生了认知缺陷），于是放弃努力，对机会坐视不理，被动、消极、忍受（即动机缺陷），结果深陷泥潭之中，出现心境抑郁（即情绪缺陷）。

生活中很多儿童和青少年患抑郁症也是习得性无助导致的。他们反复努力，反复失败，挫败累积，力气、兴趣、决心、勇气、希望都被掏空了。然而，父母指责孩子"你就是懒"的时候，父母的一个逻辑前提和预判是：孩子还没有努力，他是有意的，明明可以那样，他非选择这样。这个预判可能成立，也可能不成立。然而如果没有觉察到"我们做了预判，而且这只是一个预判"，我们就会深陷在这个预判之中，深信不疑。后果是你相信孩子是有意选择的，并且经过你的灌输，孩子也相信自己是有意选择的。这时，孩子会困惑："我为什么要有意选择懒惰、不努力、不听话、不上进？我是哪里出了问题才会这样？"从而会对自己的品质人格发生质疑。孩子还会认为："我也不想懒啊！可我怎么就控制不住自己呢？"孩子可能怀疑"懒"是深入骨髓、不可动摇的，从此也用"懒"的有色眼镜看自己、预期自己，并落入预期、强化预期——"我就是懒"。以上这两种自我怀疑、自我否定，都可能会让孩子逐步走向抑郁症的泥潭。

此外，说"你就是懒"的时候，父母在给孩子定性：你不好。父母一再说"你就是懒"，孩子就一再体验挫败：被嫌弃、看不起，而且是被自己的父母嫌弃、看不起。父母有时会高估批评的正面效果，而低估批评的负面影响。也就是说，以为骂会让孩子改变，而忽视了骂会让他受伤。其实，孩子不一定会改变，但一定会受伤。可是，受伤了并且没有改变，那父母怎么办呢？父母也非常为难。父母一再说"你就是懒"，是想让孩子不要懒，可孩子依旧如故，父母也就一再地体验挫败。

长此以往，一个觉得"我改不了"，一个觉得"他改不了"，都习得性无助，并且用自己的无助，强化对方的无助。当孩子陷入"我改不了，我就这样了"的无力无望中时，它折射出的是孩子眼中父母看他的眼光，也就是说，父母先无力无望了。于是，这成了家庭共同的伤痕。

请父母不要再说"你就是懒"的第三个原因是，归因当慎重。人会不由自主地给事情找原因，这一过程被称为归因。"你就是懒"是一种归因，即孩子不做的原因是懒。然而究竟是不是呢？比如，孩子不写作业，背后发生的具体情境可以有很多。不会写，除非有人教，否则坐在书桌前也是浪费时间；喜欢把要交的作业在截止时间的前一刻完成，绝不提前；忘了；想等同学做完了，有问题可以问同学；生你的气，所以不写作业来赌气；手上有好玩的停不下来……许多原因，所以处理方式也不一样。更何况，有哪一个真的算"懒"？笼统地说一句"你就是懒"，恐怕才是有点"懒"，不是吗？当然父母不是有意要懒，最勤劳的莫过于父母了，大多数父母为孩子做什么都可以。很多时候，在"你就是懒"的背后，有爱之深、盼之切。许多父母在自己是孩子的时候，也被笼统地说"你就是懒"，背后也有他们父母的爱和盼。然而这样做效果未必好，一味归因"你就是懒"是一种认知扭曲，它僵硬固化、以偏概全、妄下结论。在我们谈父母如何帮助孩子识别和改变认知扭曲之前，父母首先需要警觉自己的认知扭曲。

归因是接下来的情绪、决定、行为的基础。如果归因有偏差，就会产生不必要的情绪、不正确的决策和不能解决问题的行动。如果父母简单粗暴地归因，而不去反省归因是否准确，孩子就会受到潜移默化的影响。比如，孩子感到父母不理解自己的时候，归因为"他们不爱我"。这和父母说"你就是懒"一样，其逻辑前提和预判是：父母是有能力理解我的，明明可以理解却不去理解，这不就是有意作对或根本不在乎吗？所以孩子觉得父母不爱自己、讨厌自己。归因和动机又密切相关。在这样的归因之下，孩子很容易有意去逆反："你不是说我懒吗？我就懒给你看！"

总结一下，为什么父母不应该再说"你就是懒"？因为有可能孩子是患抑郁症了，也因为这么说多了会增加患抑郁症的风险，还因为这是在树立一个不好的榜样，会养成有害的归因习惯。当然，父母就算是铁人，也一定有被孩子激怒的时候。爆发的时候骂一句"你就是懒",是可以理解的。然而,在平时,绝大多数时候,我们要抛开这个"懒"处理,具体问题具体分析。区别对待,才可能有好的效果。有了好的效果,父母和孩子就都有了成功经验。习得性无助就可以变成习得性乐观。

是孩子有问题,还是亲子关系有问题

我工作中接触的一些父母,人非常好,有很多宝贵品质,但是他们有一个共性:他们挑孩子的毛病,能讲出一箩筐,讲得很急切、紧迫、严重。我承认孩子存在问题,也感到他们爱子心切,正所谓爱之深盼之切。然而,我还是要忍不住问他们:"你觉得你孩子身上有什么优点呢?"

他们对我的问题没有准备,有点惊讶,迟疑片刻,最后,比较缓慢地说出"人本质上不坏",紧接着,立即又恢复快语速,"但是,他……",继续罗列孩子这方面不行那方面有问题。

有时,我会把他们再拉回来,"不好意思,我们再多说一些优点好吗?我注意到你说了一个优点之后,问题又接着跑出来了"。"是啊!因为他的问题真的很多啊!"

在我和不同的家长间,上面的对话反复出现。这个对话的时间窗口很短,几分钟而已。然而,我们可以把它拉长,那可能是父母和孩子的一生——一个聚焦缺点、放大不足、充斥着各种焦虑的一生,一个爱盼交织、哀怒纠结的一生:一方是"我一定要证明给你看",另一方是"你倒是证明给我看啊"……

在这个过程中,一边是真心爱着孩子、急切地盼着孩子能更好的父母,一边是"爸妈总觉得我不够好"的患抑郁症的孩子。每当此时,我不禁在心里问自己：当父母看到的都是问题时，这本身是不是一个问题呢？

与此相关的是，每次受学校邀请办家长营，收到家长的提问时，我都有一个感受，家长日日夜夜养育孩子，所以能提出很多重要的亟待解答的问题。比如，孩子偏科怎么办？打游戏、看漫画怎么办？不爱交朋友怎么办？不会管理时间怎么办？学习不主动怎么办？大发脾气怎么办？对长辈不懂得感恩怎么办？等等。探讨这些问题的答案固然重要，但是，我想先来强调问题本身。也就是，在我们讨论答案之前，先提醒自己审视一下我们提问的角度。

数学家格奥尔格·康托尔（Georg Cantor）说过，"提出问题的艺术比解答问题的艺术更为重要"。IBM 创始人托马斯·约翰·沃森（Thomas John Watson）也曾说："问对问题是在解决问题上成功了一大半。"

家长提出的问题虽然内容各异，但是往往来自这样一个角度，那就是孩子有问题，我们怎么办？当我们的问题是从"孩子有问题"的角度提出的，那么我们就会努力地在孩子身上寻求解决方案。我们的施力点是孩子，我们要改变的是孩子，我们要消灭的是孩子身上的毛病。一旦孩子不配合，好比我们使劲推一块大石头，可是石头立在那里就是不动，这时我们的辛苦努力达不到效果，我们就会感到挫败。更糟糕的是，毕竟孩子不是石头，而是有血有肉有头脑的大活人，所以我们会怪孩子不听话、不理解我们的思路、故意拧着干，对孩子恼怒。人往往不喜欢被改变，尤其被他人改变，加上青春期对独立自主的追求和敏感叛逆的心理特点，我们越努力地改变孩子，孩子就会越努力地抗拒我们。结果僵持不下，想解决的问题没有解决，反而恶化了问题和产生了新问题。

之所以这条路是死胡同，是因为没有人愿意被当作问题来解决。当别人说我们有问题时，我们的第一反应往往不是"啊，他多么爱我啊，他爱我所以才批评我"以及"我很喜欢他这么爱我、批评我";相反,我们的第一反应是感到被攻击,"啊,又来了,又怪我不对,好讨厌啊",并进行自我辩解和维护。

虽然当我们看孩子某些行为不顺眼时,我们会觉得"孩子出问题了",但是实际上,孩子有没有问题我们还并不能确定,也许行为的确恶劣,但或许没有那么糟糕。而我们能确定的是他的行为给我们带来了不适感,我们对这个行为产生了一种排斥、不安,以及修理它的冲动。我们对这个行为有反应,即在情绪上、语言上、对他的行为管束上。当孩子的行为给我们带来刺激,让我们觉得不适,在情绪和言行上做出反应时,出现的其实是一个关系性的问题。同样,家长觉得自己说话孩子不听,或者孩子也不跟自己交流等,这是孩子有问题,还是关系有问题?其实也是关系的问题。

在家长觉得孩子有问题时,其实家长直接感受到的是家长和孩子的关系有问题。所以我希望大家来思考:当我以为孩子有问题时,本质上是我们的关系有问题。"我们的关系有问题"和"孩子有问题"相比,前者是一个更有效的问题。为什么?首先,因为它更贴近事实。其次,因为它能够指引我们去一个不一样的方向:如果是孩子有问题的话,那就是修理孩子;但如果是关系有问题的话,那我们是要改善关系。而往往以关系的改善为方向,更有可能发生好的改变。

如果我们从"孩子有问题"的角度思考,我们无意中在孤立和以敌意对待孩子,孩子不会(也没有人会)愿意被视为"有问题"。如果我们从"关系有问题"的角度思考,我们会侧重于改善关系,包括我们自己的调整。当我们自己调整时,会有些放弃,有些接受,有些惊喜,最后往往会感叹值得。

强势的父母会让孩子感到压抑吗

"我感觉和我妈妈的沟通出现很大的问题,她一直都很强势也不是很理解我说的话。我已经不知道怎么和她沟通了,我感觉自己的价值观和判断能力被剥夺了。我们也经常因为一点小事就大吵。"

这位女生生长在一个父母事业有成、幸福美满的家庭里。她从小和妈妈很亲近,但也一直觉得妈妈很强势。以前,和妈妈起争执时她习惯退让。自从高中住校之后,她更加追求平等、尊重、交流、隐私和个人空间。带着这些理念,她尝试着和妈妈沟通,可是每次都沟而不通,失望、挫败、愤怒、委屈等情绪交织在一起;并随着挫败的增加,这些情绪逐渐累积。

"每次回家都觉得很抑郁。不知道说错什么就又被教育一番,说多和不说都不对。我知道因为我妈妈的强势我们会有矛盾,而且自己现在长大了也渴望表达的机会和平等的沟通关系,所以我不想回家,感觉自己有点不敢面对她,经常心理压力很大。"她说。

"我感觉自己有些独立了,也接受了一些新的理念。我其实很想让妈妈明白我的观点,但是她总是命令我,凡是她坚持的都会说'你必须怎样'。而且经常误解我的意思,我的解释她也不想听。她甚至觉得我们现在关系不好完全是因为我自私,然后我会觉得她是真的觉得我自私,就很想要辩解。而我一辩解,她就说我'玻璃心',连妈妈的指责都不能忍受,连说都说不得了。妈妈爱说'我养你这么大,送你上最好最贵的学校,难道连说你都不行了吗'。她总觉得我们吵架的时候我不应该还嘴,应该耐心地听她说完,如果是她误会了,那我应该一笑了之,不要和她计较,不放在心上。等事情平息后,她心情好了再指出她可能有问题的地方。"

"妈妈觉得我不成熟,她认为成熟的表现是能接受别人的误解,因为她觉得社会上会有很多人误解我。如果老板误解我，我需要去接受而不是辩解……可我真的有点做不到啊！我渴求的是一个平等的、舒服的交流氛围，而且我本身就是比较敏感的性格。尤其当她说出批评我的话，我就会认为她一定就是这么想的，而我特别在乎妈妈对我的看法。她其实人缘特别好，朋友很多，为人也热情，很好相处。然而她觉得和我之间不需要那么客气，因为含辛茹苦地抚养我，还花钱栽培我，这么多年吃穿住都靠她，她觉得这些付出足够让我忍让所有了，我没有资本和她争辩。我也挺体谅她的，但是我觉得自己也应该被尊重。我想自己以后毕业经济独立了是不是很多事都会好起来……"我能感到她积压已久的内心矛盾在此刻得以倾诉。

在了解了这位女生的感受之后，我和母女俩进行了一次面谈。我先邀请母亲陈述她感受到的母女冲突是什么状况、有哪些例证。在此过程中，我发现了一件很有意思的事。那就是，每次妈妈讲完一个例子后，女儿会补充、解释，"其实不是那样的，我当时是……"

这时妈妈怎么做？妈妈没有停下来接受这些新信息，并因新信息而调整对事件的定性和认识。相反，妈妈"啊"了一声带过，继续沿着自己的思路走，继续自己认定的对孩子的分析。也就是说，孩子没能影响妈妈。想为自己解释的孩子，她的解释是没有任何效果的。她没能说服妈妈去考虑她的解释。为什么没能影响呢？因为妈妈已经形成了对事件的解读和印象。此后妈妈并没有因孩子的解释而改变她已经形成的观点。观点已然是结论，亦为成见。

当时，我告诉了她们我在她们互动现场所观察到的。并且我好奇，这是否在她们平日的生活里也发生着。也就是说，不是一次的巧合，而是习以为常的模式。她们都回答说"是的"。于是，我鼓励她们借着当时的例子，举一反三，以小见大，在生活中去练习观察，观察是否又发生了"妈妈定性，孩子解释，无力说服妈妈"的互动形态。

接着，我请她们一起来理解妈妈为什么会有"定了性就不动摇"的习惯。这和妈妈数十年在职场上的奋斗是分不开的。那是在竞争激烈、强者云集、男性主导的环境里，女性本来就容易被忽略，更别提如果是以温和示人，就不要想人家把你当回事儿了。所以，对自己观点的坚持，在妈妈的职业生涯中是必要的、适当的。从适应环境、站稳脚跟到鹤立鸡群、独占鳌头，是长期历练的过程，也不断强化着自信、果断以及强势。

只是我提醒妈妈，我们需要先把强势与成功之间相辅相成的关系放在一边，来关注强势对家庭关系的影响。现在她面对的是家里人。更确切地说，面对的是自己的孩子，不是别人的孩子。而孩子性格温柔文静，对她可能不需要用到职场中的强势，在职场中恰当的强势用在孩子身上可能就变得不恰当了。好比不同火力不同用途，适当地调低一档，更能恰到好处。强势，是一种力量，说句玩笑话——可以一瞪眼把蚊子苍蝇钉死在墙上。大家记得电影《冰雪奇缘》中的公主艾莎吗？她有手碰哪儿哪儿结冰的能力，可惜她不能驾驭这个能力，于是为了避免不受控制地处处结冰，她只好戴上手套。有时我们不自知，不知道我们有强势的力量，控制不好力度，一出手，把对方打得淤青。因此，我们要收点力气，像艾莎一样戴上手套。

在面谈中，我引导双方直接表达对对方的情感。妈妈说出了对孩子的欣赏，这是孩子需要亲耳听到的。在她们的互动中，我看到冲突的背后是爱。双方都希望更好，希望对方更符合自己的期待，希望你是我更完美的妈妈或者女儿。这里体现了对亲密无间的爱、合拍的爱和理想的爱的渴求。然而那真的是不可能的，别说人和人之间不可能，就连自己与自己都不可能完全合拍和认同。有趣的是，没有矛盾时希望亲密无间，有矛盾时双方又都希望"你能把我当外人一点点，有一点点见外的客气、温柔和尊重"。为什么有矛盾时,"有距离"一下子变得吸引人了呢?因为处理矛盾时,有距离容易有顾忌和分寸,这样才容易缩小伤害。我们都不想被伤得太狠,所以,我们常常听到这样的说法:"你对外人都那么好,为什么不能对我也克制一点你的脾气?"

这也许在启示我们,没有距离的相知相融,如同魅影,在相处尚好的时候,容易得寸进尺地去幻想;然而一旦有矛盾,我们会深切地渴望对方把自己当外人、手下留情,能彼此留有尊严。孩子对"来自父母的认同"的渴望,可能一刻也未停歇过。如果经历过亲子之间的情感创伤,孩子以为自己已经不再渴望父母的认同了、不在乎他们怎么看了,但事实上未必如此。所以强势的父母要小心,口下留情,不要低估了自己的一句顺口话对孩子一生的影响。一种是暴怒大骂(比如"没有我,你什么都不是"),如同晴天霹雳,直击孩子的身心。另一种则是不温不火(比如"你不像别人聪明""你就是笨了点"),轻描淡写,父母像在客观地说事实。孩子也没有生气,但是往往留下深刻的印象。

总结一下,很多父母不认为自己强势,但在孩子心目中他们是很强势的。孩子与强势的父母相处,自然而然、无可避免地出现一些困扰。例如,孩子尝试沟通,但沟通无解,进而身心俱疲,放弃沟通,从心理和物理空间上疏远父母,以逃避他们的说教与挑剔,同时未发泄的不满、委屈、愤恨、悲伤和无助,堆在身心的某处继续积压、发酵,并以不同的方法,时不时纠缠着孩子。如第 3 章中即将谈到的,在父母缺少情感的控制下,往往站着一个抑郁的孩子。有的人,一辈子,都难以彻底走出强势父母给他们烙下的伤痛。强势这个特点本身无所谓好坏,看用在什么人身上、什么情境里。如果用在和家人过上好日子,那的确要使大家伙,下大力气。如果用在家人身上,是不是有些强硬了?会更好吗?他是你的家人,如果你是希望让他记住你的话,让他愿意回味和珍藏,那用笔就够了。用刀干吗?对吧!

✳ 本章小结

　　孩子患抑郁症了，父母需要反思三件事。第一，自己对孩子患抑郁症有什么反应？很多父母容易产生"不接受"和"害怕"。虽然这样的反应是完全可以理解的，但是会让孩子感到不被接纳、没希望和不信任，甚至会加重病情。第二，自己是否总觉得孩子"就是懒"？事实可能是孩子得抑郁症了。而如果把抑郁症当作懒，不仅不符合现实，没有益处，还会延误对抑郁症的诊治。更应该把抑郁症作为疾病和困难来重视并为孩子提供帮助。第三，自己是否把孩子当作问题本身？从"孩子有问题"的角度思考，父母是在孤立和以敌意对待孩子，而从"亲子关系有问题"（一个常见类型是父母强势、孩子压抑）的角度思考，父母会侧重于努力调整自己、改善关系，从而促成孩子的良性改变。

✳ 思考与练习

1. 对孩子的抑郁症，你有哪些复杂的情绪？

2. 如果你诚实地面对自己，客观地梳理一下，你认为自己有哪些情绪、行为、个性特征和教养方式会增加孩子患抑郁症的可能性？

第 3 章

如何理解患抑郁症的孩子

"他们给我建议的时候,好像前面是一条平坦的大道,走就行了。可是,我的面前,是一座大山,我如果爬过去了也许能有路,但我看着它,根本没有力气爬。"

——来访者

有关抑郁症成因的理论研究

抑郁症是最常见的精神疾病之一。在一生中发作的可能性高,发作年龄可以早在儿童和青少年时期,容易复发,并且伴随严重的功能受损、重大的健康问题,以及诸多不适应行为或风险行为,包括自杀、焦虑症、进食障碍、药物滥用、辍学、家庭关系破裂和社交功能退行等。因此,世界卫生组织的全球疾病负担研究中,把抑郁症列为全球疾病负担的前列,并预测在 2030 年抑郁症将成为全球负担最大的疾病。

如此普遍而具有破坏力的精神疾病,是如何发生的呢?

虽然精神疾病经常与某些神经递质水平的高低有关，但相关不等于因果，现在还没有证据断言精神疾病是由神经递质失衡引起的。虽然旨在纠正神经递质不平衡的药物（比如通过提升血清素水平来改善抑郁症状）在很多情况下（尤其病情严重时）有助于缓解身体和情绪症状，但它不能解决这些症状背后的潜在原因，也不能直接改善认知、行为、人际交往等方面，而这些方面和身体、情绪互相影响，共同诱发、加重抑郁症。因此需要整合社会、心理、生物等各项因素，来认识精神疾病。

具体而言，精神病学界采用易感性应激模型（vulnerability-stress model），也称为素质–压力模型（diathesis-stress model）来解释精神疾病的发作：患者本来具有容易发展出精神病的因素（即易感性），并且又遭遇环境中的压力（即应激）从而导致精神疾病的发作。易感性包括基因遗传等生物学因素（比如抑郁症家族病史），也包括认知、人格、人际关系等心理和社会因素。易感性是潜在的、长期的、相对稳定的，但在影响中可以发生改变。而应激是在身体、学业、亲情、友情、恋情和工作等方面遭遇到严重的困难或打击，包括单次或突发的创伤事件（比如性侵、亲人过世），也包括反复或可预见的创伤环境（比如家庭的语言暴力、校园霸凌）。易感性应激模型认为，发生精神疾病的可能性潜藏于我们每一个人之中，但是否被触发、何时被触发、触发后如何反应，则因人而异，这些问题取决于易感性与应激遭遇之间的相互作用。如果一个人的易感性较低，则可以承受较高的应激压力而不触发精神疾病；如果一个人的易感性很高，则很小的应激压力也足以触发精神疾病。所以面对同样的压力，有的人会抑郁症发作，有的人则不会。高易感性和强应激同时存在时，个体的风险最大。

在易感性应激模型的框架下，新近最具发展与代表性的是抑郁症的认知易感性应激模型（cognitive vulnerability-stress model of depression）。研究认为儿童期和青少年期是认知易感性和发展的时期，儿童期和青少年期的依恋关系、师生关系、同伴关系与易感性关系密切。其中常见的认知易感性是，源自童年的对自我、他人和世界的失调、僵化、不现实的观念和期待，对人和事物做出扭曲和消极的信息加工（包括认知扭曲和消极归因，在后续章节将具体阐述）。尤其当扭曲和消极的信息加工方式已经是自动的、习惯的、无意识的方式后，该个体罹患抑郁症的风险极高。一旦遭遇应激情况，容易诱发抑郁症状。而抑郁症状又反过来加剧扭曲和消极的信息加工方式。一般而言，非抑郁症患者面对一件事，既看到劣势也看到优势，既看到困境也看到机会，既看到危险面也看到安全面，既能想象失败之后的惨痛也能想象成功后的光荣和喜悦，然而抑郁症患者往往只能看到劣势、困境和危险，只能想象失败和惨痛。这样的认知又进一步加剧抑郁症，形成恶性循环。

值得注意的是，要深入理解易感性应激模型，离不开一种灵活的、系统的和强调相互影响的视角。首先，不同的应激之间时常相伴出现，比如因为身心疾病（一个应激）遭受校园霸凌（另一个应激），而校园霸凌的经历又进一步恶化身心疾病。

其次，不同的易感性之间联系紧密。家族抑郁症史（属于生物易感性）能影响使人具有更消极扭曲的信息加工倾向（属于认知易感性）。不同类型的认知易感性之间也有关联。比如，看到他人对自己态度冷淡，会认为"我不招人喜欢"，这是对事件做出源于自己内部的、具有稳定性和全面囊括性特质的解释，属于消极归因。这离不开妄下结论这一认知扭曲，即在没有充分证据、没有考虑其他可能性的情况下（比如也许别人害羞、不善社交或心情不好），迅速对事件下负面的结论。

再次，易感性和应激之间也是相互影响，并非泾渭分明，有时易感性会"招来"应激，比如，认为自己哪儿都不如别人的消极扭曲认知，会令当事人在同伴交往中逃避、在课堂表现上退缩、把他人的言行理解为对自己的轻视或排斥，反而更加陷入孤立、自卑的处境，而这样的处境又是新的应激，和易感性结合，增加抑郁症发作的风险。

最后，易感性、应激和抑郁症三者形成恶性循环。易感性和应激相互作用下触发抑郁症，抑郁症又激化现实的困境（应激）、埋下导致复发或长期抑郁的种子（易感性）。那么，恶性循环能够被打破吗？有望打破恶性循环的因素很大程度上存在于认知中。在后续章节会详细分析如何通过积极的认知，来缓冲、调节和矫正扭曲而消极的信息加工方式（后者属于认知易感性）。

与抑郁症有关的人格特质和教养方式

某些人格特质也与易感性密切相关，父母的教养方式也是影响孩子抑郁症的重要因素。因此接下来依次分析这两方面与抑郁症的关系。

我在临床工作中，曾经接触到一位有重度抑郁症的女孩，她对生活和人性持有悲观的信念和厌弃的立场，小小年纪就"躺平"，对未来没有什么兴趣、动力和追求。当有人喜欢她时，她觉得那个人对任何人都会献殷勤，自己并没有什么特殊的。当有好的事情发生在她身上时，她觉得也没有好到哪里去，根本不值一提；当有不好的事情发生在她身上时，她觉得生活更黯淡了，这样的日子不值得每天辛苦地过，因此断断续续有轻生的念头。她的挣扎反映了抑郁患者中甚为常见的两种人格特质："对自我的低引导"和"对伤害的高回避"。

对这两种人格特质的论述来自当代最有影响力的人格理论模型之一——美国精神病学教授罗伯特·克洛宁格（Robert Cloninger）的人格生物社会理论模型。该理论模型结合了遗传学、神经生物学、心理学专业的知识，认为人格（personality）由气质（temperament）和性格

（character）组成。

气质包括四个方面：对新奇的追求程度（novelty seeking）、对伤害的敏感与回避程度（harm avoidance）、对奖励的依赖程度（reward dependence）和坚持的程度（persistence）。对新奇追求程度高的人，往往容易激动、热情、急躁，若得不到新奇感则容易产生厌倦。对伤害回避程度高的人小心谨慎、思前顾后，容易紧张、焦虑、疲劳、悲观。对奖励依赖程度高的人，敏感、温和、富有爱心和同情心。坚持程度高的人，比较努力、沉稳，忍耐力高。

而性格包括三个方面：自我引导（self-directedness）、自我超越（self-transcendence）和合作（cooperativeness）。自我引导程度高的人，善于自我管理，制定明确的目标，并富有责任心地想办法实现目标。自我超越程度高的人，有精神追求、高尚的道德情操和创造力。合作程度高的人，善于与人建立关系。

在气质的四方面和性格的三方面中，对伤害的高回避和对自我的低引导，是和抑郁症关系最密切的两大人格特质。对自我的低引导、对伤害的高回避和抑郁症，这三者能够形成循环加剧的关系。更进一步说，对伤害的高回避往往是抑郁的后果，而对自我的低引导则经常是抑郁的前因。也就是说，在假定其他因素都相同的情况下，自我引导性低的人，存在着更高的罹患抑郁症的风险。而一旦罹患抑郁症，人就容易处在"好的事想不了、坏的事占据满脑"的状态中，对"我不行，我不好"、挫折、伤害、当众出丑等非常敏感。所以，此时的抑郁症患者只能看到伤害。

面对伤害，要回避，这本身不是抑郁症的病态反应，而是正常反应，任何健康的生命个体都需要具备回避伤害的本能，回避伤害才能存活。然而如果只看到伤害，伤害就被放大了。而当伤害被放大时，回避也随之扩大，造成不成比例的、不当的、过激的回避。这种对伤害的过度回避，在心理上的表现为忧心忡忡、患得患失、畏首畏尾。伴随着这种紧张和不安的心理，个体会困在熟悉的、没有挑战的环境里不出来、没有目标、没有动力、没有行动，几乎没有自我引导性。比如，空间上，待在自己的房间；时间上，只有在静谧的晚上、没人的时候才感到有些安全；行为上，用上网、打游戏或睡觉，来回避学业、工作和生活中需要解决的问题。在这种过度回避的状态下，抑郁症状容易加剧。需要较高的自我引导性，才能破土而出、涅槃重生，但恰恰自我引导性又极低，因此人就会保持冬眠般的停滞状态中。抑郁症越严重，越回避伤害，越放弃自我引导，抑郁症再次加剧，循环往复中不断恶化。从不出家门到不出卧室门，从和一个好友倾诉到和谁也不联系，从一门课的作业不想做到学校也不想去了……一步步，路越来越窄，如同被抑郁症的黑暗逼到墙角、压迫胸口，难以喘息。

除了人格特质以外，我在临床工作中还观察到，大量青少年的抑郁症都与家庭教养方式有着密切的联系。我曾接触过一位有持续性抑郁症的男孩，十分介意他人对自己的看法，对失败非常敏感，对错误的容忍度极低。比如，一个人的时候，过去发生的某件糟事会突然在他的脑海中闪现，他即刻产生强烈的羞耻感，并且条件反射地大叫一声来发泄。因为对"做不好"如此敏感而介意，因此他尽量避开竞争，因而自己束缚了自己潜能的实现。在他的成长过程中，父母过分关注孩子的成败，"盯着人的毛病不放"，尤其父亲在表达不满、失望、愤怒时完全不控制地发泄情绪，父亲的情绪风暴每次都把他冲击得瑟瑟发抖。而前面说的那位有自杀意图的重度抑郁症女孩，她的家庭也令她感到"窒息"。父母要求她达成的目标难度高，而且父母毫不在乎她的感受。她努力后也达不到，尝试抗议也没被理解。最终她觉得父母背叛了她，把成绩看得比她本人更重要，她感到父母的"自私和虚伪"，于是她还之以冷漠，拉开距离，自顾自"躺平"。

在心理学研究中，我们也一再看到教养方式可以预测日后患抑郁症的风险。澳大利亚精神病学家戈登·帕克（Gordon Parker）编制的父母教养方式问卷（Parental Bonding Instrument），旨在测量两个维度：关爱（care）对应的是冷漠（indifference），尊重孩子自主性（respecting child's autonomy）对应的是过度保护（overprotection）。研究发现，一般而言，关爱程度高，同时过度保护程度低，也就是既关爱又尊重孩子自主性，是最有利于孩子心理健康的教养方式；相反，关爱程度低，同时过度保护程度高，被称为"缺少情感的控制"（affectionless control），是最不利于孩子心理健康的教养方式，容易引发抑郁症。

结合以上，就教养方式而言，父母的过度保护或冷漠，会增加孩子患抑郁症的风险；就孩子自身品质而言，自我引导能力低的孩子容易得抑郁症。那么，过度保护或冷漠的教养方式是否会导致孩子自我引导能力下降呢？有心理学研究证明，的确如此。在孩子小时候，父母缺乏情感的控制，一定程度上可以使孩子长大后拥有低自我引导以及低合作性的特质。形成鲜明对比的是，既关爱又尊重孩子自主性的教养方式，一定程度上可以使孩子有更高的自我引导能力、合作能力和毅力，以及更低的对伤害的回避性。而我们谈到过，高自我引导性，是一股预防和抵挡抑郁症的力量，而对伤害不过度畏惧逃避，则是在患抑郁症之后还能有希望打开新的一扇门实现突破的力量。在本书第二部分，我们会进一步讨论父母如何增强关爱和减少过度保护，以及如何帮助孩子提高自我引导性和减少对伤害的回避性。

为什么青少年患抑郁症的风险更大

不论什么年龄段，如果孩子天生性情害羞，容易退缩和烦躁，有抑郁症的家族史遗传基因，家庭环境恶劣，或遭遇重大创伤事件，那么患抑郁症的风险都会增加。此外，抑郁症患病风险随着年龄的增长而增加，为什么青少年患抑郁症的风险这么大呢？下面总结四个方面的原因。

第一，青春期的情绪失控、思想偏激、行为冲动可以从劳伦斯·斯坦伯格（Laurence Steinberg）的"双系统模型"（dual systems model）或者 BJ. 凯西（BJ Casey）的"成熟失衡模型"（maturational imbalance model）角度来理解。我们的日常活动受大脑中两个系统的协同指导。一个是社会情绪系统，主要包括含有杏仁核（amygdala）在内的大脑边缘系统（limbic system）、旁边缘（paralimbic）系统；另一个是认知控制系统，主要包括外侧前额叶皮质（lateral prefrontal）、顶叶皮质（parietal cortices）、前扣带回皮层（anterior cingulate cortex）和相关联区域。社会情绪系统负责驱动情绪的产生，寻求快感奖赏。认知控制系统负责控制冲动，做出判断推理，进行理性思考，帮助调节情绪。所以双系统协调的状态是，当社会情绪系统激起情绪和冲动时，认知控制系统用理性调节情绪和冲动。然而问题在于，这两个系统的发育并不同步。社会情绪系统在青春期前期迅速发展，在青少年中期（13～15岁）达到顶峰，之后发展逐渐变缓；但是认知控制系统在青春期远未成熟，直到成年初期（约25岁）才发展成熟。因此青春期和成年初期，容易出现情绪起伏、失控，思想片面、极端，行为冒险、冲动。

第二，巨变带来的适应方面的挑战。伴随性成熟发生的一系列生理和心理变化，从人体形态、内分泌、脑结构、脑功能，到智力、情绪、行为、社交等，都经历着巨大而陡然的变化。以身体为例，长高，激素变化，女生月经来潮，男生变声，迫使青春期的孩子不得不去适应新的身体和形象。有的孩子非常讨厌、抗拒他们新的身体和形象，这让他们讨厌自己。有的孩子对新的身体和特征感到害羞、尴尬、不安。适应起来有一个过程。

第三，强烈的自我意识容易让人处于高焦虑的状态。许多青春期的孩子比以往任何时候都关注（甚至过分关注）"别人怎么看我""别人有没有议论我""和别人相比，我处在什么位置"等，不断地拿自己和别人比较，不断地猜测别人怎么评价自己。既需要得到充分关注，甚至渴望成为正向关注的焦点，但同时又觉得被大家拿放大镜、显微镜看着，非常不自在。既渴望得到反馈，以了解自己在集体中的形象和地位，又非常害怕听到负面的反馈。

第四，青春期充满矛盾。青春期的孩子有三大矛盾：学习能力、反应力、记忆力、专注力等较强，但情绪调控能力比较弱，容易冲动，容易急躁，有时候容易钻牛角尖；强调不受干涉，追求独立自主、反对权威，什么事都要自己决定，对于别人给出的建议认为是对自我空间的侵犯，非常反感，但同时还缺乏完全独立的能力，依然需要他人的照顾；自认为已经思想成熟，渴望他人以一个成人的方式对待自己，但在真正的成人眼里，孩子实际还很稚嫩，缺乏历练，有时较盲目，行事欠周全。这些自相矛盾，不仅让孩子本人有内在冲突，而且容易引起和父母的冲突，双方都觉得被逼迫、不被理解。然而，和父母关系恶化又会进一步增加患抑郁症的风险。

为什么青少年抑郁症患者中的女孩更多

在全球范围内，女孩的抑郁症患病率普遍高于男孩。这是为什么呢？第一，基因在抑郁症中扮演了重要角色。我们知道同卵双胞胎的基因是一样的。通过对同卵双胞胎的研究，科学家发现40%的罹患抑郁症的风险可以由遗传解释。不幸的是，某些会发展出严重抑郁症的基因突变只发生在女性身上。

第二，女性激素波动是女性易患抑郁症的因素之一。女性抑郁症患病率高于男性这一性别差异，正是从激素水平突变的青春期（十一二岁）开始显现的。女性患抑郁症的峰值年龄也正值生育年龄（25～44岁）。并且，经前心境恶劣障碍是一个真实的疾病。所以激素可能是女性抑郁症背后的一大推手：每逢激素水平波动（包括青春期、每个月一次的月经周期和更年期），女性的情绪都容易跟着波动。有学者认为雌性激素、孕激素和其他激素的周期变化，对控制情绪的血清素等大脑化学物质造成干扰。整体而言，雌性激素和孕激素互相影响，并且共同影响神经递质和昼夜节律系统，而又会影响抑郁症。因此目前学界的共识是，女性激素水平的波动会让某些女性在人生的某些阶段，若同时遇到其他压力源时，更容易罹患抑郁症。

第三，有研究表明，女性在一生中经历的压力事件比男性要更多，更容易成为重大创伤的受害者（比如儿童时期的性虐待、成人时期的性侵犯或家暴），即使在正常的成长环境中，青春期的女孩比青春期的男孩遇到的负面生活事件也可能更多。并且，相比于男性，女性对压力事件更敏感，更愿意承认自己有压力，也更容易在压力中体验到抑郁情绪。困扰青春期女孩的负面生活事件一般都与人际关系有关，以亲子关系和同伴关系为主。人际关系的困扰容易给青春期女孩带来很多内心冲突、焦虑、猜疑、伤心或自卑。

第四，对烦恼的应对方式不同。男性倾向于以问题为中心、转移注意力的应对方式，让自己不去加工烦恼，最终淡忘烦恼。而女性倾向于以情绪为中心、反刍式的应对方式，在头脑里反复加工烦恼，或者找人反复倾诉，不论哪种方法，她们都花费更长的时间沉浸在烦恼情绪中。而这种反刍式的应对方式，往往对应着历时更长、更严重的抑郁情绪。

第五，尽管男孩女孩都花很多时间在手机上，但是他们对手机的使用不尽相同。男孩更多的是用手机来打游戏，女孩更多的是用手机来社交。而频繁使用社交媒体容易加剧抑郁症病情，尤其对于女孩。研究发现，青春期女孩花在社交媒体上的时间，和抑郁症状存在正相关。一天花 6 小时以上在社交媒体上的女孩，相比于一天花半小时在社交媒体上的女孩，抑郁症状有大幅度增加；而一天花 6 小时以上在社交媒体的男孩，相比于一天花半小时在社交媒体上的男孩，抑郁症状只有小幅度增加。可能是有更多抑郁症状的女孩更会花大量时间看社交媒体，也可能是看社交媒体让人有更多抑郁症状，尤其对于非常在意别人怎么看自己的青春期女孩而言，频繁使用社交媒体的确是增加不安全感、焦虑和自我厌恶感的风险因素。

第六，女孩比男孩更频繁地被教育要乖巧、听话、顺从、优先照顾他人的感受、对他人的需要敏感、让自己对他人有用等。对女孩的这种社会期待可能会伴随女孩的一生，容易让女孩陷入压抑与自卑。

当然，男孩也不容易。男孩被教育要"男儿有泪不轻弹"、坚强、稳重、避免表现出女性特征，包括不要流露自己的情绪。这可能会使抑郁情绪在男孩中的表现不同。事实上，有学者认为，也许男性和女性在抑郁症患病率上并没有实质差别，只是因为女性会更多地求助，并更多地报告相关症状，使得她们比男性更频繁地被诊断出抑郁症。相反，男性更多地报告"压力"而不是悲伤，更多地表现出愤怒、物质滥用，所以他们有时没有得到及时准确的诊断，而出现诊断不足的现象。

从小到大都是学霸的孩子，为什么会患抑郁症

学霸，意味着不仅有好成绩，而且还在不断地追求更好的成绩。而提高，需要注意什么？注意不足。精力不会花在庆祝做对的题目上，而是

用来查漏补缺，反复练习做错的题目，直到熟练。父母往往也会提醒道："哦，98 分啊，哪里做错了？下次不要做错哦！"这样日复一日，人会养成一个习惯：做对的、做好的就不用管了，重点是做错的、做不好的；对"错的、不好的"要特别敏感，好像发展出专门的触角，一有不足就探测得到。

学霸因为成绩优异会被竞争激烈的名校录取，而名校又是学霸更多地发现不足的环境。我们来想象一下，一个孩子从小成绩优异，逐步升学到越来越优秀的学校，16 岁考上顶尖高中，但高一开学的摸底考试，就让他发现身边有更厉害的学霸，他从初中时的年级数一数二变成了班上中等或中等偏下。这种落差对孩子的自我认同感的影响是巨大的。虽然在之前的学校里自己是佼佼者，但在新环境里需要从头开始证明自己。不甘落后之余，不免多了几分自卑、失落和迷茫。就像我们经常听到老一辈的人说，那时候大家都穷，所以没人觉得自己穷。在名校里，大家都厉害，以至于没人觉得自己厉害。因此，人对自己的感觉是相对于他所处的环境的，主观上自信的程度和客观上拔尖的程度并不必然成正比。

此外，在学生进化为学霸的途中，父母和其他家人也越来越把他能考上优秀的大学视为合理目标。这份成功预期，会将孩子置于尴尬的境地——如果考上，只是达到期待，本该如此，松一口气；可一旦考不上，就是"我令人失望了""我的错"。孩子往往会发展出"考好是应该，考不好不应该""只能成功不能失败""不是最好就是不好"的完美主义心态和绝对化极端化的思维。

因此，如果孩子是学霸，自尊心强，追求完美，害怕失败，那么父母要多加注意。尤其在孩子刚换学校的适应阶段。如果孩子在学校适应不良、遇到挫折，可能出于自我保护的目的，他们会动力减退，通过不去尝试新的事物来避免暴露新的弱点，通过回避挑战来避免失败，但在某种程度上，他们也知道，逃避其实也是一种失败，所以他们无法与自己的怯懦和解。或者他们会加倍努力，但非常焦虑，计较成败，患得患失，情绪容易大起大落，难以集中注意力。无论哪种情况，都有发生抑郁症和焦虑症的可能性。

我举一个例子，一个名校学生，她具有典型的学霸特征：绷得很紧、总在自我省察。所以我借力使力，既然她有自我省察的习惯，我教她先觉察"我此时此刻有些焦虑"，并观察"此时此刻，让我感到焦虑的是什么"，其次识别滋生焦虑的认知扭曲。我们每个人都有一些认知扭曲。而她的认知扭曲是不少学习好、自我要求高的学霸们都有的，比如心理过滤和预测命运。心理过滤指的是即使整体是正向的、积极的，但还是更多地将注意力集中在消极的细节上。预测命运指的是在没有充分的证据的前提下对将来的事件进行负面预测，有时反而会阻碍好结果的发生。

最后，我们看到了这些认知扭曲背后的完美主义，即期望自己（或者他人）的行为表现一直保持最高标准，无视现实的制约。我和这个学生讨论了完美主义的利弊影响，介绍了一系列的认知扭曲，识别出她经常有的是哪几个认知扭曲，并教她如何处理这些认知扭曲，然后由她自己在生活中去练习。

因为她擅长自我省察，所以她很容易觉察到自己的焦虑，但如果只是停留在对焦虑有觉察的地步，总看到自己在焦虑，会感觉很挫败。所以一定要加上第二步，识别认知扭曲，这样就知道自己为什么焦虑，焦虑是由哪些认知扭曲引起的。并且第三步要紧随其后，即练习用更有适应性的思维方式来取代固有的、习惯的、对自己没有好处的认知扭曲。逐渐地，她的睡眠正常了，情绪缓和了，能返校继续学业。更重要的是，她学会了对自己的焦虑和认知扭曲保持觉察，这种能力对她的影响要比成绩对她的影响更深远。

父母没有给压力，孩子为什么会患抑郁症

逢年过节走亲戚和朋友聚会时，有些父母这么说他们的孩子："都是他自己给自己压力的，我们都没有给任何压力。他对自己要求比较高。我们倒是劝他不要搞太累。"我们在羡慕其他父母教育出好孩子之余，会不会有点好奇——这种天生的自强是从哪儿来的？为什么父母没给压力的孩子还把自己搞得很有压力？为什么这些孩子明明很优秀了还会自卑？不止旁人纳闷，其实这些孩子的父母有时也纳闷，尤其是当这些孩子焦虑或抑郁到需要看心理医生的时候。

在我的工作中，遇到很多这样的情形。往往是学校首先发现问题，然后要求父母带孩子去看心理医生。初次面谈时，父母们对我说："我们没管学习，都是他自己要学，我们没给他压力，是他自己太好强。"这存在吗？不能说不存在。然而，看了那么多学生和家庭，我想说的是，与其说家长对孩子没施加压力，不如说是父母还没有意识到他们所施加的压力。

我举两个案例。一位常春藤大学教授向我介绍情况时，列举了女儿如何品学兼优，担任学生会领导，在才艺竞赛中得奖，是学校里的名人等。然后，他说："我对她没有要求，我只希望她开心、快乐。"另外一对家长（儿子是国际奥赛金牌得主）也对我说："我们从来没要求他学习要多好。"随着我和家长们的进一步接触，我发现了更深层更细腻的东西。他们急切地渴望孩子"更好"，也明确地看到很多"不好"。他们会写信或电话向我"投诉"孩子行为中、性格中需要改进的地方。比如："做作业拖拉，虽然最后做完了，但是何必要这么赶呢，为什么不能提前一点呢？万一做不完呢？即使做完了效果肯定也不如早点做完的好！万一做错了都没有时间检查修改了！""每天熬夜，晚睡晚起，为什么就不能养成一个良好的作息习惯呢？"先玩后学，不如先把作业做完再安安心心玩，来得稳妥。晚睡晚起，不如早睡早起，来得健康。如果问我的个人意见，我完全认同：做完

作业再玩比较好，早睡早起比较好。

然而这里的重点是，家长心里是有一把尺子的。他们拿尺子来衡量孩子。孩子作业做了成绩也很好，所以在结果上是达标的；但是拖延晚睡，所以在过程上和方式方法上是不达标的。当孩子在某个方面做得好的时候，父母比较容易产生一个不准确的印象，觉得自己没有期待。然而，父母对结果也是有期待和标准的，只是孩子恰好达到了，所以父母不觉得自己的期待和标准没达到，从而不觉得自己有期待和标准！就像很多时候身体有疼痛，我们才特别注意到它。如果胃不疼，你没事儿不会觉得你有胃，但它在不在那儿？在。但你不觉得它在，因为它没问题。也就是说，没被批评，只是说明通过了审核，不代表没被审核。

话说回来，有期待和标准是很正常的，也是很必要的。父母对孩子没有要求，那孩子怎么成长，哪里来方向，哪里来鞭策，哪里来引导？我想呼吁的是，承认我们对孩子有要求，而且还很高！我想倡议的，仅此而已。承认，不要否认。为什么？首先，铁打的、不争的事实是我们对孩子就是有要求的。不仅有要求，而且是高要求。难道不是吗？甚至我们所有的对他的憧憬、愿望和祝福等，都会无孔不入地转化为期待、要求、压力。当我们的孩子，恐怕并不容易。

其次，在这样的大前提下，即使我们不承认，孩子也会"润物细无声"地感受到。可与此同时，我们还矢口否认。这时，孩子不信也好，相信也罢，分别会是怎样的状况呢？先说不信。孩子不信是很容易的。因为，只要期待在，就会有"露出狐狸尾巴"的时候。孩子都看在眼里。要么，他觉得我们不诚实。要么，他觉得我们不是有意说谎，而是我们真的没有认识到，也就是，我们真的不自知。如果孩子觉得我们不诚实，那么孩子对我们的信任，就会打折扣。如果孩子觉得我们连自己都认识不清，那么孩子对我们的敬重，也可能打折扣。

再说相信。如果孩子相信了你，那会怎样？一种，孩子一直就相信父母没给过自己压力。另一种，孩子相信父母开始停止给自己压力。对于第一种，明明感受到压力、期待、挑剔和不满，但来源在哪里，说不出来，模糊得很。他会觉得自己没理由这么紧张和焦虑，"我这么幸运，我的父母都在给我减压，怎么我还这么紧张，面对压力这么无能呢"，孩子会摸不着头脑，只觉得是自己不好。对于第二种，如果孩子真的相信你对他开始没期待了，而前提是以前一直都有期待的，明明之前有，为什么现在没有了呢？"是因为我真的做不到，还是连父母都放弃期待我了？"

除了不要说"我们没给你压力"之外，我还想说，请不要说"你不要有压力"。为什么？首先，有没有压力感不是自己能控制的。否则就不会有失眠、紧张得出汗结巴、考场失常之类常见现象。其次，不要有压力，"你要是有压力，可不是我给的"，会让孩子觉得父母在推卸责任。最后，不要有压力，有点"我都和你说了不要有压力，你怎么还有压力呢"的责备孩子的意思。

以上不论哪种，需要反思的是，我们是不是，不仅有给孩子施加了压力，而且还没有意识到自己在给孩子施加压力，甚至即使被指出来还不承认。从没有意识到被指出来都不承认，在自我认识缺乏的程度上，在对孩子可能产生的长远影响上，其严重性是递增的。

✽ 本章小结

帮助孩子之心，几乎每位父母都有，但是理解孩子的能力，却有很大的提升空间。理解永远是帮助的前提。首先，父母需要整合生物、社会、心理各因素才能理解抑郁症。其次，父母要理解发生抑郁症的可能性潜藏于每一个人之中，只不过这个可能性是否、何时、如何转化为现实,取决于各人的易感性与应激遭遇。某些人格特质和教养方式,与抑郁症息息相关。再次,父母要理解,青春期相比于儿童期,青春期的女生相比于男生,面临更高的抑郁症风险。最后,就父母常有的疑惑,探讨了如何理解成绩优秀的孩子以及父母没给压力的孩子也会患抑郁症。

✻ 思考与练习

1. 让自己以第三人称(观察员)的身份,看着自己的家、孩子、孩子的抑郁症,一幕幕在眼前放映。尽量不融入角色,不带感情,辩证地分析。这时,如果有人请你就"这个孩子如何能好起来""父母应该做什么"来发表观点,那么你会如何给出理解和建议呢?

2. 现在回到第一人称的身份中,以上的分析和建议,有什么地方让你不舒服、抗拒、困惑或焦虑?允许这些情绪存在和浮现。

第 4 章

如何帮助患抑郁症的孩子

"我太想改变。太想得到外界的认同。家里对我生病不包容,觉得'你也该好了'。我觉得我只有一次机会,他们给我找了心理医生,我就必须好起来,我不允许自己再发病。因为已经治了这么长时间,而且我看起来没事——抑郁的症状我很少会表现出来,所以他们认为我应该没事了,而且他们内心也不想承认我还有事。"

——来访者

避免三大心理陷阱

"孩子患抑郁症了,我该如何帮助他呢?"我们这么问,代表了爱、关切、责任心,也代表了愿意学习、寻求改变和开放的心态。这是非常宝贵的。它是一切改变的起点。然而,寻找方法时容易遇到三大心理陷阱,不论父母还是孩子,对此都需要有所认识。

陷阱一：过分追求方法要"够快"。

救急的方法，往往是瞬间发生多方面的大幅度干预，具有爆发性、极端性、强制性，也就注定了会有伤害性。什么时候需要救急？什么时候救急的思维和方法反而弊大于利？这取决于抑郁症的进度和程度。比如，住院时没有人身自由，个人物品（包括手机）被没收，家人探访、与外界通话都受限制，定时查房，身边是轮流值班的医生、护士、社工们。这是不是突如其来的大改变？是。这算不算极端、强制？算。这会不会给人留下阴影？可能会。但是要不要用？在抑郁症后期、严重失控、生死一线的时候，别的都顾不上了，首先要确保的是生命安全。但如果事态没有那么危急，或者曾经危急现在被稳定下来了，那么，接下来还是要回到"如何面对现实生活"这个问题上，面对住院后和住院前差不多的现实生活。这是一个没办法回避的问题！但不是需要救急的问题。最难的也就是这个。

如果不该救急的时候硬上救急措施，不仅会造成伤害，而且它本身是对有效治疗的拖延，是对必须解决的问题的逃避。比如，不思考如何改变亲子互动模式，而是孩子一"犯病"就把他交给医院，那孩子还是会出院，出院之后怎么办呢？曾经有几年，我的工作对象中有许多是美国社会底层人群，他们孤独无依，靠社保生活。在他们身上就容易发生这种现象，我们把它称为"旋转门"。如同宾馆的旋转门，人跟着门转半圈，进去，跟着门转半圈，出来；跟着门再转半圈，又进去，再出来。

当病人的实际生活环境和内容没有发生改变时，就如同水被污染了、鱼快死了，在鱼捞起来隔离、抢救好了之后，不换水就把鱼放回去。然而，换水谈何容易！我们不是孤立地存活着，也就不是孤立地抑郁着。我们的抑郁症与我们的日常环境、人际关系、作息习惯、认知、情感、行为等都有关。要改变这些，有没有办法？有。但恐怕不会是快办法。

陷阱二：过分强调方法要"够准"。

我们可以现在就做一个实验，假设我们得了抑郁症，问自己："有什么专门针对抑郁症的特殊方法呢？"我们的第一反应，一定是"不知道啊"。"专门、针对、特殊"，这些字眼，把我们直接引进了一条死胡同里。这个问题一提出，我们就在脑海中搜索"特别针对抑郁症的方法"。而这时候，大多数人会意识到"我对抑郁症不了解啊"，更何况"特别针对抑郁症的方法"了。没印象，没学过，没听说过，大脑一片空白。

这时候，什么样的情绪会随之产生呢？请大家和我一起体会。是不是手足无措、迷茫不安？因为自己给不出答案来，也不知道如何寻找答案。在"一片空白、手足无措"的时候，容易进一步产生疲惫感和失落感，"好难、好累、好麻烦、算了"。

刚才是一种情况。现在我们来体验另一种情况。这次，我们问自己："有哪些常见的方法呢？"不论是让心情好起来，让睡眠好起来，让关系好起来，有哪些常见的方法呢？常见，是指一般来说，大多数人都听过见过的、都可以用到的。当我们这么问自己的时候，我们是什么反应？和上面一样，我们会在脑海中搜索，然而和上面不一样的是，我们会得到很多搜索结果。比如，该做的事情别拖着，运动，控制咖啡因的摄入量，少和你讨厌的人打交道，找喜欢的事情做，多鼓励、多赞美自己和别人的努力与进步等。

好了，当我们的脑海中像爆爆米花一样蹦出一个接一个点子时，大家和我一起体会，是不是会有一个瞬间，有一丝兴奋、胜任感、希望？兴奋，因为大脑是激活的。胜任感，因为面对问题自己回答得出来。希望，因为没准这里面哪个或哪几个可以解决我的问题呢！人其实都是"知道好歹"的，都是有经验和有智慧的。何必不先从自己知道的出发呢？抑郁症有没有特殊性？肯定有。既然有特殊性，那该不该针对特殊性而找解决方法？该。然而，这里强调的是，过分追求特殊性时产生不必要的茫然感、挫败感、无望感，反而阻碍了求助或自助。

一脉相承地，唐代孙思邈曾写道："古人善为医者，上医医未病之病，中医医欲病之病，下医医已病之病，若不加心用意，于事混淆，即病者难以救矣。"意思是，上等的医生是善于在人们身体健康时，注重养生；中等的医生是善于抓住即将要生病但还没生病的时机，调理干预；而下等的医生才是治疗已经发生的疾病，然而等疾病发生了才诊治，病人就不容易救了。

我个人认为不论是医生还是做法，倒是不必分上中下等。我的理解是，任何时候都要做的是医未病，有些时候需要做的是医欲病，迫不得已才要做的是医已病。也就是说，在快生病所以医欲病的同时，也还是要惦记着医未病。在已生病因此医已病的同时，也还要惦记着医欲病和未病。给鱼儿换水的活儿，值不值得做？不专门针对抑郁症，但对整体健康有利的方法，值不值得做？没抑郁症时，要不要做？抑郁了，要不要做？这就是医未病。原本就该做的还是要做。哪怕没有救急性、特殊性。正因为没有救急性、特殊性，恰恰尤其要做。

陷阱三：过分在意方法是否"够容易"。

如果一个人想找到解决问题的方法，于是去找，也找到了，但是觉得自己做不到，这样心情一定不好，这是人之常情。所以，我觉得有必要在介绍"怎么做"之前，先尊重可能出现的"可是我做不到啊"的心情。如同上面说到的，要想疗效够快，治疗方法够准，也是可以理解的。让我们先尊重这些心情，把这些心情摊开来，放在桌面上，承认它们，正视它们。它们没有错，只不过会妨碍你更好地解决问题。所以我想提醒大家，去识别它们，避开它们对你的消极影响。

我们为什么做不到坚持使用能够解决问题的方法？有时我们做不到，是因为我们还不知道使用哪种方法。有时我们做不到，是因为我们虽然找到了方法，但还不认同它。有时我们做不到，是因为我们虽然知道了也认同了那种方法，但忘了去运用它。有时我们做不到，是因为我们虽然知道了认同了也记住了，但是在用的时候自己都觉得别扭，加上没立马见效，于是我们开始怀疑方法的有效性，更不用说坚持使用原本认同的这个方法了……

如果找到了一个自己认同且能够记住的方法，那就可以尝试用起来。万事开头难，开始的时候因为不习惯所以觉得别扭是正常的，勇于开始尝试、耐心、不急于求成，在做中学，假以时日，我们会喜欢自己所做的。我们会喜欢自己的生活，会喜欢自己和孩子的新关系，会更喜欢孩子，也会更喜欢自己。即使生活中摩擦磕绊在所难免，但是我们尽量很快就能回过神来。即使我们在有些时刻"做不到"，但大体上是总在这个"做"的状态中的。

过分追求高效、简易、独特的方法，既想要方法有立竿见影的效果，还想要屡试不爽，这才真的是"做不到"。步子还没有迈出去，就不想迈了，因为对你来说找到合适的方法太难了。于是让自己卡在原地，困在你本想逃出的漩涡里。

面对抑郁症，不论是患有抑郁症的当事人，还是他们身边的人，都需要警惕这三大陷阱。让我们绕过陷阱，从能做的做起，从本来就应该做的做起。先尝试做，接着鼓励自己坚持做，过程中也可以调整方法。

了解抑郁症

接受心理教育，了解抑郁症，是为得了抑郁症的孩子提供帮助和支持的基础。如果不了解，帮助就无从谈起。研究告诉我们，心理教育是很有效的。如果家人接受了心理教育，主动参与治疗过程，家庭环境将得到改善，患者更容易减轻症状，缩短住院时间，甚至在一年内的复发率能减少50%。

相反，如果家人对抑郁症不了解，又不主动学习科学的知识，在社会对抑郁症的各种误解和偏见之下，就很容易被错误的观念影响。而一旦父母对抑郁症的认识有误，就很难给孩子有效的帮助。具体而言，如果父母不接受心理教育，就很难意识到和相信抑郁症的严重性，如果任由发展，很可能从轻度抑郁症恶化为重度抑郁症，而重度抑郁症下思维会扭曲，频繁出现自杀意图。如果不接受心理教育，也很难理解抑郁症患者的身不由己，他们的情绪、念头、举止等并不完全受自己控制。没人想自视为又丑又笨，没人想没力气做任何事，没人想害怕见人、与社会格格不入。那些在正常人看来是奇怪的、不当的行为，并不是孩子没事找事"作"出来的，他自己也不想这样，但就是控制不住病情。

一旦父母意识不到或不相信抑郁症的严重性和患者的无助感，就容易产生"他怎么就不能振作起来呢"的困惑，以及"我也有过低谷，为什么我能靠自己的力量站起来，但是他却如此脆弱"的不满。只有尽可能多地了解抑郁症，我们才能开始去想象和理解患者究竟经历了什么，他是怎么想问题的，他的现实和我们的现实有哪些不同，以及他的"不正常"在他的处境中其实是可以理解的。因此，为了更好地了解抑郁症和自己的孩子，父母最好能够接受适当的心理教育。

此外，抑郁症，同其他疾病一样，通常是早发现、早治疗，更有利于康复。怎么能早发现呢？父母往往是最早注意到孩子不对劲的人。要能分辨得出我注意到的不对劲是不是真的严重到了有心理疾病的程度，父母需要进行一些心理教育方面的科普性的学习。不一定要多深入、多准确，因为毕竟还是需要专业人员来做诊断，但是父母可以通过上网、阅读相关图书、咨询请教，来学习抑郁症有哪些征兆和症状。除了了解征兆和症状之外，心理教育还应包括以下重要的内容：抑郁症的治疗过程是什么样的；抗抑郁药的原理和副作用；什么时候能看到改善；改善一般在哪些方面先发生等。总之，在有余力的情况下，父母可以对抑郁症做尽量全面的了解。

协助治疗

寻找治疗方案。如果父母判断出孩子可能患有抑郁症，须尽快到专业人员处，请求专业诊断。父母可以帮助孩子寻找合适的治疗人员或机构。因为抑郁症尤其重度抑郁症患者，通常有明显的"三低"症状：心境低落、思维迟缓、意志活动减退。如果连起床都没力气，哪来的力气上网挨个查诊所、咨询师呢？如果连活下去的兴趣都没有，怎能期待他们有动力去寻求治疗呢？加上儿童和青少年的学业压力大，除了应付功课之外，几乎没有时间和精力做别的了。这时候，父母就可以起到关键性的作用。还可以寻找、了解、比较治疗的方法，把这些信息以孩子能接受的方式转述给他们，回答他们的顾虑，并且鼓励他们去尝试。

鼓励孩子接受治疗。让孩子知道，受过专业训练的心理健康专业人士，能够帮助有抑郁症（包括有自杀想法）的人感到被理解、尊重和肯定，认识到思维模式和行为模式中的问题，并学习调节心理的方法。告诉孩子，抑郁症是可治的，帮助他看到希望。然而请务必注意，找到合适的治疗方案往往需要经历一个试错的过程。如果尝试了一段时间看不到显著的改善，这不代表治疗一定无效，但原本消极、悲观的孩子可能会感到更加沮丧和无望。这时来自父母的反馈、肯定和鼓励至关重要。因此，父母应当捕捉孩子的变化，做那个最早注意到孩子的改善迹象的人。

帮孩子预约第一次面谈。如果孩子愿意让父母一起参与，那么事先和孩子整理一下，把要告诉心理咨询师或医生的信息、要询问的问题都写下来，保证重要的东西不被遗漏。如果孩子不希望让父母参与，要自己单独和咨询师或医生进行面谈，那么父母可以表达支持，问他是否有需要帮忙的地方。如果他暂时没有，那么可以告诉他，一旦他有需要父母帮助的地方尽管说出来。在面谈得到诊断之后，有些孩子会如释重负，积极治疗，但是有些孩子会觉得天都塌下来了，很害怕。不论孩子有什么反应，我们都要多去理解他、温暖他。

正确认识药物治疗。轻度抑郁症一般很少需要药物治疗，重点放在心理咨询、自我心理调节和健康生活方式上。而中度和重度抑郁症，尤其当极端负面想法（比如自杀意图）频繁出现或者抑郁症状严重影响生活时，在心理咨询之外，需要结合药物治疗来减少极端负面想法、改善睡眠、缓解症状和稳定状态。作为父母，我们应当觉察自己对药物治疗是否存在强烈的偏见，包括对药物的恐惧和排斥，"一用药就停不下来了"，或者对药物功效的迷信，"一吃药应该能马上看到起色"。如果孩子需要服用抗抑郁药物，我们既不要害怕吃药会导致终身的药物依赖，也不要以为可以单凭药物治好抑郁症。心理疾病的康复不是按时吃药就可以了。如果抑郁症有明确的现实诱因，比如亲人过世、父母离异、学业挫折、校园霸凌等，虽然药物治疗可以帮助控制病情，但只要现实环境不改善、创伤不疗愈，药物能起到的作用是有瓶颈的。有没有借助心理咨询调整认知、情绪、行为模式，亲子关系和夫妻关系好不好，有没有社会支持系统，有没有能实现自我价值的学业和工作等都将直接影响病情的走向，所以父母需要辩证地看待药物的作用。我们可以向医生咨询，坦诚地说出我们的顾虑与期待，由专业人士给予解答与说明。在咨询和治疗的开始阶段以及接下来的任何环节，都可以和医生仔细讨论药物治疗这一备选方案。针对孩子抑郁症的现实情况，具体分析：现阶段药物治疗是否必要，不采用药物治疗有何潜在风险，推荐什么药物，药物有何具体功效及副作用等。如果决定服药，必须在医生的监控之下开始服用、调整剂量、更换药物。并且随着抑郁症的缓解和康复，在医生的帮助下科学安全地停药。

协助药物治疗。我们需要知道，找到合适的药物和剂量，得经历一个尝试的过程，需要父母和孩子双方的耐心。每个人对药物的反应不一样，有的人会产生比较明显的副作用，因而难以坚持服药，这可以理解，但对治疗并不利。我们作为父母，可以在这方面给予精神上的宽慰和支持。帮助孩子和医生进行及时、有效的沟通，让医生第一时间知道药物的副作用。在医生做出调整（包括调整剂量或换新的药物）并且孩子愿意坚持服药后，父母可以留意他在行为、情绪、作息、饮食各方面有没有异样、失调或改善。如果孩子记不清服药反应，我们可以补充信息，由孩子提供给医生，或者由我们直接讲给医生听。

促进孩子和心理咨询师或医生之间的沟通。如果孩子的治疗方案中包含药物治疗，但他没有按时按量服药，那父母可以温和地询问，鼓励他说出原因，比如是不是有副作用让人难以接受。鼓励他把自己对药物的反应、顾虑和问题都写下来，在下一次面谈时坦诚地告诉医生。如果他不喜欢目前的咨询师，应该认真倾听孩子的原因。不强迫孩子去适应咨询师，鼓励孩子把感受告诉咨询师，或在孩子的同意下帮孩子表达，帮助咨询师得到反馈以做出思考和调整。如果合作不理想，可以考虑总结咨询经验，寻找新的咨询师。

与心理咨询师或医生沟通。父母可以和心理咨询师、医生沟通，让他们知道我们希望成为治疗团队的一部分，有些治疗是允许家庭成员参与的。在治疗过程中，父母是能给医生、咨询师等专业人士提供关键信息的人，他们能够补充孩子遗忘了、忽略了、回避了但是至关重要的行为信息，比如，父母告诉咨询师，发现孩子胳膊上有割痕，怀疑孩子有自伤行为，希望咨询师能知情和处理。

适当提醒。是否提醒、提醒到什么程度，得取决于孩子的年龄、你们是否生活在一起、他是否有被提醒的需要。如果提醒造成了关系上的紧张，让孩子嫌你唠叨，责怪你不信任他，那就要适当放手，给他机会自己管理。

处理危机。当出现了精神健康危机，比如病情发作、被送进医院、有自杀企图、离家出走、有其他高风险行为，作为父母不要过度自责，第一时间先处理危机。如果孩子得住院，鼓励他们自愿去住院。强制治疗的效果没有自愿治疗的效果好，而且可能留下创伤。等危机度过了再来反思：从中可以学习什么，以后如何预防和避免，如果再发生如何处理会更好。但同时也要认识到，并非所有的危机都是能够被预防和避免的。

如果有心有力，可以参与当地的或全国范围内的支持抑郁症患者和支持抑郁症亲属的公益活动，倡导社会关注、关怀这类人群。这样是对个人挣扎的升华，也能加深我们对孩子的理解。

赢在心态

孩子得了抑郁症，一般而言父母会高度重视。然而研究发现，过犹不及，过度反应会增加抑郁症复发的风险。父母把孩子的康复看得过重，比如"只要他能好，让我折寿我都愿意"，给孩子带来很大的心理负担，自感有愧有罪，甚至"我是个负担，我不在了他们才能解脱"。既要重视又不能过分，究竟如何把握好心态呢？

建立现实的期待。父母过高的期待会阻碍孩子的康复和增加复发风险。比如，孩子住院了，当他出院后，家人以为医院把孩子治好了。孩子也希望把落下的课都补上，就加码学习，压力突然增加，很快就超出了承受范围，导致病情复发，又住院。更安全的做法是，调整期待，不急不躁，把节奏放稳，让压力逐步增加，边适应边增加。对症状保持观察，看症状是否在可承受范围内，一旦症状加重就要调整。尽量避免复发，因为每一次复发，都是在产生新的身心包括神经系统层面的损伤。符合现实的期待有三个特点。一是认识到进步不会是线性的，一定是曲折迂回的，具体轨迹受症状、资源、人际、遭遇等因素的影响。不能着急，不能求快。二是正确对待症状改善。如果开始出现改善迹象，得让孩子缓和过渡，慢慢增加活动量。越温和才越不容易发生挫败和中途放弃。三是灵活。建立符合现实的期待最难的地方，就在期待是需要根据病情演变不断调整的。这个月的期望可以和上个月不同，甚至每一天的期望都要根据当天的身体情况而定。可提高可降低，提高之后能降低得下来，降低之后又能提高得起来。当父母以身作则地调整期待，其实也是在帮助孩子学习务实精细地调节对自己的期望。

用愿意发现长处的眼光看待孩子。我们往往把患癌症或身体残疾的人，视为坚强的人，但是对于精神疾患的人，我们却不这么看待。其实和精神疾患共处，也是需要巨大勇气的。比如住院后出院，返回到学校、工作单位，受到别人的不理解、猎奇，这需要多大的勇气啊！更别提在发作期间，每天都要和各种症状抗争，即使在复原稳定期，每天也要努力让自己保持状态别复发。这何尝不体现着坚强？

帮助孩子减少抑郁症的心理阴影。第一，小心被社会上的病耻感影响。我们对精神障碍有先入为主的偏见和错误的信念，是可以理解的，有偏见不是我们的错，但突破偏见是我们的责任。我们需要把疾病和人分开，我们面对的不是疾病，而是人，即使是带着疾病的人，也首先是人，是立体而复杂的人，不能用对精神障碍的偏见和错误观点来衡量的人。提醒自己睁大眼睛、辩证地看待孩子，看到他身上的闪光点，并且相信自己看到的。第二，孩子可能担心自己会被简化成"抑郁症"这个标签，担心"我是谁"、自我价值和自我认同感会受到抑郁症的威胁。这时，我们需要理解他有自我怀疑，会患得患失，有时沉浸在自己的世界中，没有精力和注意力给身边的人。我们也需要继续看重他作为一个人的美好之处，一同回顾共同经历的事。让他感觉到，至少在父母眼中，他没有被简化成抑郁症病人，而仍然是一个独特的人，一个和我们有着独特的共同回忆的人。第三，给孩子打气、鼓励，即使抑郁症不会完全消失，尽管时不时有症状发作，但他仍然可以在社会上有一席之地，经营出有乐趣、有意义的生活。

从整合身心的视角看待抑郁症的治疗。这里主要举两方面的例子。第一，肠道微生物群和中枢神经系统之间的双向交流（被称为肠－脑轴）日益得到重视。肠道微生物群的变化会增加微生物脂多糖（LPS）的释放，从而引发肠道炎症反应。肠道炎症可以诱发神经炎症，影响下丘脑－垂体－肾上腺轴，诱发与抑郁症相关的症状。因此，不妨考虑增进饮食健康，摄入有助于提高胃肠系统中优质微生物群含量的膳食，适当使用益生菌，限制对生活中有毒制剂（比如杀虫剂）的接触，慎重使用会影响微生物群的药物。第二，越来越多的有关运动－抑郁关系的研究证实，体育锻炼是一种有效的行为干预和辅助治疗。有研究把一群达到重度抑郁症标准但尚未接受药物治疗的青少年，随机分配到为期12周的剧烈运动组或控制拉伸组，一年内两组的抑郁症状均显著减轻，剧烈运动组效果更佳。并且，两组在学校表现、亲子关系、同伴关系等社会心理性功能上都有改善。此外，保证充足的睡眠、日照、维生素及微量元素，至关重要。善于运用五个感官（视觉、听觉、嗅觉、味觉、触觉）带来放松、慰藉、愉快，也益处良多。总之，如果父母能向孩子科普身体炎症、锻炼、平衡与心理健康的密切关系，以及从自己做起，科学饮食，积极运动，全方位地采用健康的生活方式，将对孩子抑郁症的缓解和治疗起到不可替代的巨大作用。

注意不要把父母的自我效能感、自我价值感变成了孩子的负担。在艰难的时候，我们难免感到脆弱，"我努力了这么长时间，试了这么多方法，都没用，孩子不见好，我没用，我不是一个好妈妈（爸爸）……"一方面，我们可以反思，哪里可以做得不一样，哪里可以进步。但另一方面，我们的目的是理解和帮助孩子，而不是借此来证明自己或让自己感觉好。感觉好可以是我们帮助孩子的副产品，但不能反过来变成了目的。当我们非常沮丧、自我怀疑、自我贬低时，我们需要问自己：现在谁应该是我们关注的中心，是孩子，还是自己？此刻优先要照顾的是谁的感受，孩子的，还是自己的？对此没有唯一、永恒的标准答案，有时应该是孩子，有时应该是自己，有时应该是其他家人。

练习成为善于解决问题的人。挫折一定会发生，康复的道路可能是曲折的。这个办法不行，就试试另一个办法，不放弃。把心态从"尽快解决问题"转变成"练习成为善于解决问题的人"。当我们的心态是关注"尽快解决问题"，对我们最重要的是"问题是否终于得到了解决，有没有希望得到解决"。我们的关注点在结果，我们需要有希望、被鼓励，才能坚持下去。然而当我们关注"练习成为善于解决问题的人"时，那么具体我们在处理哪个问题就变得不那么重要了，这个问题完成了还有下个问题，不管哪个问题，都让我们去练习怎么解决问题。我们的关注点在过程、在方法，因为意识到问题是无限的，所以坚持还是放弃就成了一个伪命题。

建立健康的边界

父母接受自己做不到的。有一些抑郁症顽固的情况，父母得接受自己改变不了孩子，只有孩子自己能改变自己。我们可以影响他，但是他是否愿意受影响，受多大影响，不由我们决定，也不是我们越努力就越有影响的。有时适得其反，我们越努力孩子越抵触、越逆反。

尊重孩子的隐私和个人空间。患抑郁症的孩子在生活上需要很多照料，很依赖亲人。这种情况下，隐私本身就会打折扣，因为只有越独立才越有条件谈隐私。尽管如此，我们在仍然需要尊重和保护与孩子的年龄相匹配的隐私和空间。

尊重孩子的自主性。要做到这点，需要父母对自己的不满有克制，有选择性地提出不满。俗话说：选择你的战场（Choose your battle）。比如衣服穿得不讲究，上下身搭配不协调，可能就不用挑剔一句"你衣服没穿好，去重新换一件"或者更糟糕的"怎么这么大了还这么不注意形象"。生活中的小事，可以交给孩子自己来决定，尊重他。甚至吃药这样的大事，我们都要小心"好心没办好事"。很多孩子不喜欢被问"你吃药了没"，这样父母既有唠叨的嫌疑，孩子又会被不断提醒他是个病人，而他非常希望摆脱这个标签。最理想的状态是，建立一个系统。比如，可以用一个长条状的药盒子，里面分了七个区域，代表一周七天，一周把药分好，每天直接从里面拿。当我们觉得孩子能力不行、做不了时，也最好不要直接包办，还是给孩子一个参与和表达的机会，问问他，让他自己先试试，如果他做到了，对于提升自我效能感和自我价值感，就是很好的机会。而这是抑郁症康复急需的。

觉察我们的保护欲和控制欲。每个人只能为自己的行为负责，各人解决各人的问题。尽管父母想替孩子多承担，但是人生归根结底是他们自己走的。父母保持"替他们承担"的状态，是一种脆弱的安全感，会让孩子产生"我做不到、我不能保护自己"的无能感和焦虑感，并不利于抑郁症的康复和健康心理的养成。也容易让孩子感到被控制，从而对父母产生埋怨。而且，还会导致孩子对自己的生活抱有旁观感。这里举一个看似不相关的例子。我曾听一位爸爸这么总结：他对孩子的爱不是在孩子一出生时就感受到的，而是随着他一把屎一把尿的付出，才开始感到越来越爱孩子。爱，是因为付出；付出得越多，越爱。这里提及父母对孩子的爱所体现的"付出越多，越爱"，是想提醒我们从人性的角度来看待我们当前的话题：如果孩子对学业、生活、自己的未来关心得不多、付出得不多，他对这些的爱就不可能深刻，动机就不会强烈，决心也不会坚定。取而代之，有点随便、可有可无的意思。问题是，在学业、生活和未来里，困难偏偏又是家常便饭。一边频繁遇到挫折，一边缺乏动力与决心，岂能不抑郁、颓废？只有是孩子自己立的目标、自己做的决定、自己要的生活，他才会有感情。所以当我们给他抉择的空间，哪怕他选的不合我意，至少他练习了做选择和为选择负责，积累了对自己的学业、生活、未来的感情。而且，通过肯定他有选择的权利，我们营造着互相尊重的、充满善意的家庭氛围。良好的家庭氛围本身就具有治疗作用，在其中，我们和孩子的日子都会好过一些。

明确底线。在尊重孩子的隐私和自主决定权的同时，为了确保孩子的健康安危，也需要设置必要的限制。我举一个例子，一位女学生服用抗抑郁药后身体明显发胖，因此心情非常不好，于是瞒着医生和家人自行停药，也拒绝看心理咨询师。家人由着她的性子，但是她的抑郁症日渐严重，导致家庭关系恶化。虽然家人是为了尊重她的意愿，但她又停药又不咨询的决定给自己和家人带来的弊远大于利。讨论劝说无效后，父母做出决定，如果想继续得到父母的资助，就必须接受治疗：这种药不行，可以和医生沟通换一种药；这个医生帮助不大，我们可以再找其他医生；同时必须借助心理咨询来处理药物不能处理的问题。父母需要认真思考哪些问题是底线、哪些不是，决定之后尽量维护它的明确性和坚定性，并在底线之外要有充分的灵活和宽容。

小心不要强化抑郁症对孩子的束缚。有的父母在孩子得了抑郁症后，很害怕刺激孩子，很多话不敢说，放弃所有的期待，谨小慎微，凡事顺着孩子，让孩子享受特殊待遇，甚至从之前的严加管教突然变到不予管教，走了两个极端。这样做的出发点往往是为了保护孩子、支持孩子。但在效果上，孩子会觉得我们只把他当作病人来照顾，而不再把他当作正常人来正常地互动，这本身是一个会让孩子感到压抑和伤感的事。虽然孩子受到抑郁症的束缚，但是我们还是可以让孩子知道，我们尊重他、相信他，所以对他仍然有合理的期待。尽量让孩子为自己负责，包括按时吃药、按时去咨询面谈、料理生活学习等尽可能多的方面。尊重隐私、尊重自主权、明确底线，以及下文中的营造平等氛围和分工合作等方面都和"不要强化抑郁症对孩子的束缚"这一点有关。

化解冲突

从"不正常"到"正常"。美国精神病学家大卫·伯恩斯（David Burns）强调，得了抑郁症和焦虑症有时不是因为我们有不当的弱点，而是因为我们有宝贵的特点。比如，在没考上父母与自己所期望的大学后抑郁，是因为有对父母的感恩之心和对自己的责任心。当孩子令我们失望、担忧、恼火时，当孩子有不正常的表现时，也许我们可以先问问自己"孩子这样的背后有什么正常的需求，甚至美好的特点"。虽然不一定每次孩子行为的背后都是正常的需求或美好的特点，也许有时的确是不当的要求或自私的特点，但是，至少我们不能每次都只从不当的要求或不良的特点来判定孩子。我们得有多个角度、多种可能性，有时从这个角度理解，有时从那个角度理解，有时看到这种可能性，有时看到那种可能性。当我们局限地看待孩子，孩子也会限制对自己的期许与想象。随着我们看待孩子的角度和可能性的增加，孩子看待自己的角度和可能性也能得到扩展。

从"成见和预设"到"换位思考"。如果孩子做了让我们不满意、失望、生气的事情，可以先假设，不是因为他故意不做、不改变、偷懒等，而是他还做不到或另有隐情。预设别人是有意而为，是很容易的。因为我们不知道当事人所经历的,我们容易把他的行为归因为他本身。而当事人因为身处其境,能看到影响他行为的情境因素。比如,学生考试没考好,家长首先会说,是因为学生不肯努力;而学生会说,这次身体不舒服难以集中注意力,或者卷子里有还没学过的超前的内容。事实究竟是怎样?可能偏重个人不够努力,可能偏重情境的因素,也可能是两者的结合。重要的是,归因的分歧是造成人与人之间矛盾的一个因素。为了避免不必要的冲突,先克制自己预设对方是有意不做好,再去多角度地了解。比如,带孩子去饭局见朋友,他低头不理别人,别人问问题也不回答,你觉得他是有意不配合。可能是有意,但也可能不是。可能是抑郁症的缘故:他感觉很不舒服,但不想让你失望,所以还是陪你出门,但是见到了你的朋友,他感觉太吵太闹,头皮发麻,耳鸣恶心,应付不了,恨不得钻到哪里躲起来,强忍着,盼着快点结束。这显然和他无视你的感受、故意和你过不去、驳你面子的猜测是非常不同的。

当然并不是说每时每刻、不分青红皂白地给孩子找借口。如果有暴力行为、恶意伤害,是不应该纵容。只不过日常中,我们需要经常提醒自己,他令我们不满的表现,是他故意的,或因为他的症状,或因为存在什么客观情景因素,还是都有?当我们愿意这样去提醒自己,去扩展我们解释他行为的角度,我们不仅会发现他那些令人困惑、难以理解的行为变得不那么恶劣或古怪了,而且我们还会发现更多他值得肯定的地方。比如,女儿扔了家里的东西,你很恼火,但其实是她今天精力好一些了,想为家里做事,看着房间堆积得有点乱,就开始收拾,结果不小心扔了你的东西。当我们认识到这个故事的全部,我们其实可以把重点从责怪她乱扔东西,转移到表达她今天感觉比较好、我们为她高兴,并且称赞她为家里服务的用心与行动。当我们从成见预设变成换位思考,我们还能发觉切实帮助孩子的机会。比如,如果她答应我们要做什么事情,但是没做,我们可以先不预设她是说话不算话、没责任感、办事拖拉,而是可以问她是否遇到什么困难，是什么让她完成这件事变得有难度，进而根据她的回答帮她解决具体的障碍。比如，如果是健忘，那么可以试试定闹钟或者在显眼处贴个便条。如果还是不行，再进一步找原因、想办法。

脾气上来发生冲突的时候，提醒自己长远目标是什么。长远目标不是一时的对错和口头的输赢，更不是逞口舌之快说出伤感情的话。提醒自己试着站在对方的视角，试着感受他的情绪，而不是只关注他说的是什么。比如，他攻击性的语言和行为的背后，可能是他的自尊比较低，缺乏安全感，感到被威胁被侵犯，出于自我防御表现出极端的愤怒。父母需要提醒自己尽量用平静的方式处理问题。我们的言行对孩子的身心健康始终产生着影响，在被诊断出抑郁症之前如此，在被诊断出抑郁症之后亦是如此。虽然不容易，但是尽量避免用发脾气的方式来应对事情。练习给自己中场暂停的时间。让自己先离开现场，平复心情，比如"像吸花香一样吸气，像吹蜡烛一样呼气"，深呼吸几次，让自己平静下来。再想一想，一个有力量有智慧的家长在这个情况下会如何处理？身心稍作调整后，再返回现场。这里需要指出的是，提醒自己长远目标并不是要压抑你的需求。爆发矛盾后，先冷静一下，然后进行和平的讨论，复盘，和解。会发现在有些点上能达成共识，即使不能达成共识的，至少不会因为情绪不满而积怨。

调整我们的沟通风格，来适应孩子的情况，增加他们理解我们的概率。一般而言，正面、直接、清晰、鼓励性的表达方式，更能取得好效果。具体有很多方法。先获得对方的注意，"我能和你谈谈吗"；聚焦在一个点上，"我想和你谈一谈零花钱的额度"；明确谈论的时间，"今天晚饭前我们聊一聊好吗"；避免负面的情绪性的表达，与其说"你成天就知道对着电脑，从来不运动"，不如明确意图、正面表达，"我们很久没一起散步了，今天天气这么好，你能陪我散会儿步吗"；以陈述事实为基础，"这份卷子明天上学要交了，你还没写完"；说出你要他做的具体的行为和如果他做了会有什么正面结果，描绘正面积极的结果能起到推动作用，"你今天五点之前能写完吗？要是写完了，我们晚上可以去看电影放松放松"。我们在表达时，要尽量克制，不由着脾气，而是想想怎么做能得到真正对彼此都有利的结果。

给予情感支持

如果家人把康复看得过重，抑郁患者容易病情复发。研究表明还有一类家庭的抑郁症患者也容易出现病情复发。那就是，父母对患抑郁症的孩子表现出指责、批评、攻击、敌意。患抑郁症的孩子本来就时常自责，把抑郁症也归咎为自己的错，怪自己太软弱、不坚强、想不开等。这时家人再流露出责怪的态度，认为他只是懒、娇气、想太多。那么可想而知，孩子更加感到羞耻、自卑和孤独。无论孩子的症状多严重，机能下降得多糟糕，都应当确保给予他们尊严、尊重和情感支持。

识别孩子所需要的支持类型。有的人喜欢被鼓励，比如"坚持，你会感觉好起来的，到时我们一起去做你想做的事"；有的人喜欢被安慰，比如"这不是你的错，这种疾病任何人都有可能得上"；有的人喜欢被帮助，比如"有什么我可以帮忙的吗"。要了解孩子的需要和喜好，给予相应的支持。

赞美孩子。结合抑郁症，赞美有难度，要尤为小心。一方面，患抑郁症的孩子的自我感觉是消极负面的，他们发自内心地自卑，觉得自己干什么都不行、什么都不如人、没价值，甚至活着都是别人的累赘和包袱。这时候，我们说"你特别好，特别能干，特别可爱"，他没有办法把这些形容词和自己联系在一起。顶多觉得你很善良，想说些好听的话安慰他；更糟糕的话，他觉得你根本没有看到他，不理解他的感受，甚至故意说风凉话嘲笑他。另一方面，因为抑郁症的困扰，孩子在学业、工作、人际、健康、精神等方面的状态的确是打了折扣的。不论是和身边没得抑郁症的人相比，还是和患病之前的自己相比，都有差距。状态甚至糟糕到令人担心、看不到希望的地步。比如昼夜颠倒，不吃不睡，不洗不收拾，成天打游戏玩手机，萎靡不振。在这样的情况下，要找到实事求是、恰如其分的赞美，在客观上是存在相当难度的。

那怎么办呢？如果现状乏善可陈，那我们就得在努力程度和发展过程上下功夫。那就是，强调孩子在过程中表现出的闪光点。比如，肯定他的努力，"抑郁症太熬人了，你付出了很多努力，你尝试了很多办法，想把自己调整出来"；肯定他的坚持，"你忍受了很多，尽管你不确定自己什么时候可以好起来，但是你在坚持，能坚持这本身就是一种成功"；我们也可以表扬心态，说"你的心态很务实，没有给自己不切实际的目标、不必要的没有好处的压力"；我们还可以表扬勇气，比如"你没有放弃，你积极治疗，这需要很大的勇气"；我们可以表扬选择，可以说"人生充满了选择，要过得好离不开做出明智的选择，这次关于咨询师，你认真考虑了好几个选项，你在分析的基础上，慎重做了选择"。

在给予实事求是、恰如其分并且内容具体的赞美的过程中，我们让自己成为孩子的镜子，我们先看到他的努力，进而让他借由我们看到自己的努力；我们热情地称赞他的进步，让他也看到自己的进步，进而他凭借自己在困境中能做出的努力和取得的一点点进步点燃对未来的些许希望。注意，不是"因为现在有多好所以对未来有希望"，而是"尽管现在这么糟，我还在努力，我身边人也和我一起努力，我们都不放弃，这么糟的都能面对，未来只会好起来"。

认真聆听。多听，听到言外之意。对于听到的内容和背后的情绪，多理解，多共情。如果孩子的体验，我们没经历过，觉得很陌生，于是我们说："怎么可能呢！不会的。不是这样的。"那孩子会有什么感觉？他会感到我们不相信他，否定他，打发他。如果孩子的想法，我们很不认同，于是我们直接说："你不该这样想！"那孩子会有什么反应？可能反驳、更坚持己见，或者隐藏、更关闭心门。

认同感受而不一定认同对事实的评价。当他的感受是痛苦、焦虑和困惑时，我们认同他的感受不好，但可以挑战他说的事实是不是真的。比如孩子的作文没考好，很沮丧地说："我作文太差了，我不会写作文，我不会表达。"一方面，我们去认同感受，可以说"觉得自己做不好真的是很让人沮丧的，尤其是这么重要的技能，作文分占比很大，你很着急，对自己很失望"。但另一方面，我们不一定要认同他说的事实，说"对，你的作文太差了"。其实我们可以从评价好坏上转移开来，我们可以说："你觉得你的作文很差，可能有的人会同意，也可能有的人会觉得你写得没有你想的那么差。不过重要的是，你自己觉得失望。你希望提高哪个方面呢？是审题更小心，是逻辑更有条理，还是积累素材，还是……不同的方面有不同的改进的办法。你要是想的话，我可以和你一起来想办法。"

平衡家庭生活

家庭里营造平等关怀的氛围。不要全身心只想着患抑郁症的孩子，而无意中忽略、冷落甚至孤立了其他孩子和配偶。不要把患抑郁症的孩子特殊化对待，如果家里还有其他孩子，注意平等性，虽然不可能有绝对的平等，但是面对家庭成员都需要遵守的家规，生病的孩子也不应例外。比如，心情不好是人之常情，但是发脾气不能超过一个度，不能摔东西、打人，这是每个人都要遵守的，不论有没有患抑郁症，还是其他疾病。把生病的孩子平等地对待，也是一个让他感到被赋能的过程。另一种情况是，家庭出现了难题，需要思考解决方法，这时建议把生病的孩子也纳入问题的讨论中，请他了解现实情况，说出他的心声，参与贡献解决方案，这也是一个赋能的过程。

家庭里营造分工合作的氛围。每个人都有承担部分家务的责任，包括患抑郁症的孩子也有他要承担的，这是赋能的做法。当然，父母要能接受他会抱怨、会忘记、不能完美地执行。这时，要避免指责，因为那样会激化矛盾，容易让孩子产生逆反心理或破罐子破摔。当没有执行时，态度平静而明确地提醒他，肯定他的努力，让他知道虽然他有抑郁症但他仍然是有贡献、有存在感的家庭一员。

保持或恢复常规活动。不要让整个家庭生活被一个人的抑郁症而"挟持"。抑郁症不应该变成一个中心，大家的生活都围着它转。在得病之前会做的事情，还是去做，比如夏天旅行，周末电影，回老家等。练习和抑郁症共处，带着它经历生活中的其他活动。

与学校适当沟通

我们在谈心理疾病和精神障碍时，离不开"安全网"这个概念。安全网是一个比喻，它的含义是，如果患者摔下去，能有一个大网把他接住，有退路，有活路，给予时间整顿后再站起来。那么这个网是由什么组成的呢？由人组成。包括父母、兄弟姐妹、亲戚、好朋友、老师、邻居……有些人的安全网大，有些人的安全网小，大多数人有至少几个在需要的时候能帮得上忙的人，这些人构成我们的安全网。

儿童和青少年每天花在学校的时间大于在家里的时间。尤其对于住宿生，在上学期间每周从周日晚上到周五下午，都在学校。父母和孩子的接触非常有限，对事件的获悉和了解有滞后性，很难做出实时的干预。学校既是可能刺激抑郁症发作和加重抑郁症的潜在场所，也能成为预防和帮助康复的重要地方。

孩子如果被确诊为抑郁症，要不要告诉学校呢？很多父母对此有顾虑。毕竟，社会上对抑郁症存在污名化，父母会担心如果学校里有人知道了，孩子会被说三道四，甚至被歧视和欺负。不过，如果老师不知情，可能会不理解孩子精神不振、无心学习、成绩退步、不合群等表现，并且因为不理解而对孩子管教指责不当，无形加重了孩子的病情。我不认为应该一刀切地绝对不告诉学校，而是建议善加区分。根据学校的理念、氛围、具体情况，决定是否信任学校；如果信任，也不建议告诉所有老师，而是有选择地告诉老师。

以下几类老师可以考虑进入保持沟通的范围。首先是最核心的老师。即对孩子各方面情况最了解、和家长联系最密切的老师，一般是班主任。其次是孩子最喜欢的老师。虽然只教孩子某一门课，但是孩子很信任这位老师，甚至主动告诉老师一些心事。如果这位老师知道孩子有抑郁症，当孩子在学校感觉不好时，可以找信任的老师说上一两句话。再次是学校里为学生心理健康服务的老师。在国外一般包括心理咨询中心的心理学家、社会工作者、学校心理学家。在国内一般是学校心理咨询中心的心理辅导老师。我们可以鼓励孩子去学校心理咨询中心找心理辅导老师倾诉，我们也可以带着尊重孩子隐私的心态与心理辅导老师沟通，了解情况，协助心理辅导老师的工作。特别重要的是，心理辅导老师不仅可以帮助孩子提高应对学业压力、校园人际压力的能力，而且如果条件允许，他们还可以成为桥梁，帮助各科目的老师来调整、设计、重新安排作业量，来更适合抑郁症的孩子。最后是校医院的医护人员。抑郁症往往表现出多种身体症状，如头疼、心慌、胸闷、腹胀、失眠。校医院的医护人员能第一时间给予救助。

在和学校沟通之前，建议和孩子先做沟通。如果在孩子不知情的情况下就告诉学校，孩子可能会感到隐私被泄露、被背叛、不安全，甚至对父母有怨恨。事先和孩子沟通能保护亲子关系免受不必要的冲击。而且，和孩子沟通的过程，是帮助父母了解孩子对抑郁症有什么顾虑的过程，也是帮助孩子接受和正确看待自己有抑郁症这一现实的过程。这个过程可能不是一两次谈话就能完成的。在多次谈话中，我们可以围绕多方面，循序渐进地开展。比如，讨论把抑郁症告诉学校的利弊，询问孩子最喜欢的老师是谁，了解孩子希望哪些老师知道、不希望哪些老师知道，讨论告诉学校旨在达到什么目的和效果等。

当全家沟通决定了后，可以和我们认为应该知道孩子病情的老师，约一个面对面的保密隐私的会谈。如果孩子在校外有咨询师，也可以邀请咨询师来参加会议，但之前要和咨询师沟通好哪些内容应该和学校谈，哪些不应该。家长可以考虑授权给特定的老师（比如班主任），允许这位老师和咨询师沟通，询问了解孩子的情况。另外，取决于学校的具体情况，如果孩子年龄较小或者病情很急很严重，可以考虑请求校长参与。

在会议过程中，一般有以下内容值得进行沟通。首先，向校方了解对孩子的观察，包括课堂表现有什么变化，孩子和谁关系好，有没有被同伴排挤或欺负。如果家长知道学校不了解的情况，比如孩子有社交焦虑，或孩子被霸凌，那么有必要让学校有所了解和对此重视，在接下来保持敏感、做出干预。其次，让校方知道孩子有抑郁症，客观病情如何，是否在治疗中，以及病情对孩子在校学习、交往、自理各方面存在的影响。再次，家长可以向老师学习帮助孩子的方法，在家里也实践起来。常见方法包括把作业分解成更小的逻辑环节或时间片段。比如，背课文时，把课文按照自然段落分，背一段休息一下。与其一坐坐一小时，不如每 20 分钟休息片刻。这样在学习中插入更多短间歇，学一会儿休息一会儿，避免透支。最后，也是最重要的一点，家长可以提出请求并和学校讨论需要学校提供哪些特殊待遇。如果父母认为目前孩子还没有能力跟上学习进度，不妨问老师是否可以在孩子好转之前，减少孩子的作业量到孩子能承受的范围。作业量的调整程度、调整持续多长时间等具体操作，需要当场记下来备案。

会议中还可以商定一位定点老师（比如班主任），由他来和其他老师沟通，并且定期、把信息和家长沟通一次。这位定点老师不需要也不应该（除非家长授权）向其他不知情老师泄露孩子患抑郁症的信息。和其他老师沟通有两个功能，一是收集信息。因为不同科目的老师有机会看到不同的侧面，多方收集信息能避免遗漏。二是营造一致的环境。不同老师的教学方式不同。如果某位老师的严厉不适合生病的孩子，这位定点老师可以向其他老师解释：孩子遇到了困难，家长和校方进行了沟通，达成共识，在教学方法上需要有哪些特殊处理，请求得到老师的支持和配合。

会谈后，家长可以给相关各方发邮件，总结会议的主要内容，重申所达成的共识，确保大家明确下一步的行动计划。如果学校方面同意做出调整以帮助孩子适应，那么，在尝试调整方案一段时间之后，及时回顾总结，如果发现这个调整还是不适合孩子，再寻找下一个调整方案。

在理想状态下，与学校适当地沟通，让学校成为一个能够提供给孩子合适的支持与服务的环境，既适应孩子的病情，又有助于孩子的病情缓解。具体操作中要根据孩子学校的实际情况安排。毕竟不同学校情况不同，不同老师和家长之间的沟通方式不同，不同老师之间的沟通方式也不同。整体而言，善加区分，和学校合作，能为孩子建构出更大的安全网。

做自我关照的榜样

即使是孩子没有得抑郁症的家庭，养儿育女的生活也从来不易。且不论在外面压力多大，就是在家里一不注意也容易剑拔弩张。有一些家庭里，孩子打游戏，老公看手机，只有妈妈一个人又做家务又管学习，妈妈很容易产生怒火。孩子学习的焦虑、亲子沟通的阻塞、夫妻关系的疏离……带给家长多少疲惫、沮丧、困惑、失落、无力，甚至绝望。这些在日常生活中，时常发生，往往把我们折腾得筋疲力尽。一旦到了如此地步我们也更容易冲动之下做出违背自己的意愿、让自己后悔的举动，比如吼叫或说伤人的话。对别人失望的同时，我们也更容易会对自己失望，"自己活得好累啊，生活一团糟"，这样在崩溃边缘的徘徊，你是否也正在经历？

在上述大家都经历的常规生活压力之外，患抑郁症孩子的父母，承受着更复杂而深刻的压力。抑郁症这个"摄魂怪"不仅能把孩子的良好感觉、快乐记忆吸走，留下最坏的记忆，还深刻影响着孩子身边那些爱他、关心他的人，他们的快乐也可能被吸走，留下的是沉重的担心、恐惧与未知（不知道孩子能不能康复，不知道会不会萎靡不振、自寻短见，不知道这折磨还要持续多久）。不只生病的孩子需要被关怀，孩子的父母也需要被关怀。父母在照料和帮助孩子的同时，不论是为了自己还是为了孩子，都务必做好自我关照。为了避免透支和耗竭，自我关照绝对不是可有可无，它恰恰是生活的必需品。

自我关照，是对自己的情绪、精神和身体健康的关心和照顾，是为修复、保持、增进综合健康、整体幸福感所做的有意识的努力。自我关照的必要性何在？打个比方，每次乘坐飞机，我们都被空乘提醒，一旦遇到紧急状况，我们要先给自己戴上氧气罩，然后再帮助身边的人。为什么要先给自己戴？人在缺氧情况下大约可以维持 15～30 秒的意识，然后会晕厥。这 15～30 秒的时间，一般而言，足够我们自己先戴好然后帮助其他人。然而如果先给其他人戴好，不能保证自己晕厥后对方有能力帮助你。因此先给自己戴面罩，才可以确保你接下来是清醒的，然后才有可能去帮助别人。我们不先戴好就没机会帮别人带。所以，应该先保护好自己，然后才有能力帮助其他人，而在我们保护自己的时间里他人并不会因此受到伤害。这说明我们自我关照具有必要性。

面对生病的孩子，我们可以用"先给自己戴好氧气罩"这个类比，提醒自己做好自我关照。因为，孩子的康复不是一蹴而就，帮助孩子的过程也不会一帆风顺。相反，不知道抑郁症何时是尽头，一路上充满未知和挑战，日子久了，给父母积累了很大的身心压力。这是一个耗时耗力、劳心劳神的持久战，要打好这场持久战，我们必须先照顾好自己，否则我们很容易快速透支，没有余力帮助孩子。不仅如此，持久战中的我们容易情绪不稳定，迁怒于孩子，不仅没有帮助他反而施加了伤害，背离了我们的本意。而且，即使没有透支，如果我们有过心理创伤，并且不做好自我关照，我们的创伤会伤及孩子。美国精神病学家沃米克·沃尔肯（Vamik Volkan）指出，有些成年人（往往无意识地）把孩子当成一个"永久性水库"——容纳成年人自己生活中的重要内容。这么做的一个后果是，父母自己经历过的创伤会被传播给未直接经历该创伤的孩子。

自我关照，也是在为被我们帮助的孩子树立榜样，做出重视健康并落实到行动上的示范。作为父母，我们在情绪调节、时间管理、身心保健各方面应该比孩子知道更多的方法。然而，我们有没有一方面把方法教给孩子，另一方面却不用在自己身上？比如，每天提醒孩子"你要多运动，少看手机"，可是自己躺在沙发上，手机不离手，一晚上过去了。又比如，要求孩子"不许乱发脾气"，可是自己却会大嗓门和冷暴力？为什么我们自己不去实践这些让生活更好的方法呢？是因为要别人改变很容易但轮到自己改变时发现很难？是因为有惰性、惯性、内心抗拒？是因为我们有点眼高手低，觉得那些方法太简单了，或者并不相信这些方法有用？不论什么原因，我们需要有勇气诚实地面对自己。具体到自我关照上，有的父母尽管知道要照顾好自己，甚至看到有人从自我关照的举动中受益，可是轮到自己，不是做不到，就是做了没感觉，觉得自我关照是一个空洞的词语。这里面有一丝麻木、无力和无奈。这不是谁的错，但是这份麻木、无力和无奈会传递给孩子。而很多时候，抑郁的孩子，对"好起来"本来就缺少希望，缺少力量。当他们感受到父母身上无言的疲惫、将就和被动时，他们并没有可以从中得到启发、激励的榜样，反而可能加重内疚和绝望。相反，如果我们把自己的情绪、精神、身体上的不舒服或痛苦，认真当回事儿，积极应对，我们就是在向孩子传递一种"对自己的生命负责任"的精神，而我们具体的做法也可以被孩子耳濡目染、参考借鉴。

自我关照的具体方法可以千变万化，但我总结了几条万变不离其宗需要遵守的原则：

（1）小心不健康的"自我关照"

特别指出，要注意我们有没有不健康的应对方式，比如情绪性进食、冲动性消费。这些方式，在有冲动的当下，觉得像是代表着随心所欲、不压抑、对自己好。然而实际上，在冲动过后，我们可能会陷在后悔、自责等负面情绪的泥潭里很久。

（2）觉察到内心对自我关照的抗拒

抗拒有两种。第一种是愧疚感。有的父母对于自我关照有罪恶感，觉得是浪费时间，尤其是那些觉得是自己造成孩子的抑郁症而心怀内疚的父母（虽然有些孩子的抑郁症是父母造成的，但是有的抑郁症以及双相情感障碍，是出于遗传以及其他因素）。然而，如果不照顾好自己，不仅我们的身体会透支，而且我们对孩子可能会产生有意无意的（哪怕我们不愿意看到也不愿意承认）积怨，"我以前如何，因为她的病我如何了""如果不是她病了，我会如何"。与其有积怨，不如找朋友倾诉，请人来照顾孩子、让自己休个假，不仅能减少一些埋怨，也能提高照料孩子的质量。

第二种是惯性。人在不舒服中忍受时间久了会在一定程度上适应这种不舒服，甚至都不能觉察到自己是不舒服的。比如长期耸肩，肩背习惯了紧绷,却没有发觉。等到发觉的时候可能为时已晚,如同温水煮青蛙。对于熟悉的,人容易错把它当作安全的,所以愿意待在熟悉的环境里,哪怕并不好。而做出改变,尽管最终目的是让人更安全和更舒服,但是因为改变本身是走出舒适区,是不熟悉的,是不舒服的,人容易错把它当作是不安全的。

如果觉察到内心对自我关照的抗拒,我们需要提醒自己,每个人要对自己的生活负责,当我们在帮助孩子时,那谁来帮助我们?是不是最终得靠我们自己?为人父母是我们生活的一部分,非常大的一部分,但毕竟只是一部分。不能让它吞噬了我们全部的生活和全部活着的意义。要建立一个健康的边界,有给孩子的时间,给其他家人的时间,给自己的时间,给工作的时间,给朋友的时间,给无所事事的时间。

毕竟,作为父母,我们承担了很多,付出的也很多。目的无非就是让孩子更好,让家更好,让未来更好。在我们能实现让孩子、家、未来更好的目标之前,我们首先需要确保一件事情。好比一匹马,在走长路之前,我们要好好地照顾它,让它健康、不生病,有好的状态,只有这样,才能驮得起重担、走长路。同样地,想让孩子好,得让自己好。我知道一般父母们都会着急着先去帮助孩子,但是越是如此,越有必要先停一停、静一静。磨刀不误砍柴工,在我们关爱自己之前,先不要急着去帮助别人。

(3)了解软肋

发觉容易让心情剧烈波动的场合。比如,一位有抑郁症孩子的妈妈说:每次她参加了有某个同事在场的聚会之后,都会难受很久,因为这个同事喜欢炫耀自己的孩子,并询问她孩子的情况,让她感觉非常自卑和嫉妒。对于容易激起难以消化的负面情绪的场合,能回避的可以回避,不能回避的需要有意识地提前做心理准备。

（4）找到支持系统

病耻是一个现实的社会问题，病耻会导致我们不和别人说，所以特别需要找到我们的支持系统。和自己的好朋友多联系，说说心里话，能卸下一些负面情绪，并且得到一些温暖、鼓励、希望。也可以加入抑郁症患者亲友的支持互助小组。在这样一个互助小组中，你能看到和你身处类似处境的人，得到共鸣，感到不那么孤独。有些没法和别人说、说了别人也不能理解的话，可以在小组里说，能感到被释放、被理解、被懂得、被尊重、被鼓励。小组中其他成员有时还可以成为我们的镜子，帮我们看清我们的内心，互相启发、学习借鉴。此外也可以参加个体心理咨询。

（5）因人而异，找到适合自己的

做你喜欢做的或者给你带来满足的事，才算自我关照的行为。比如有的人，在学习或工作压力太大时，喜欢收拾打扫，那么做家务就是一个转移注意力、缓解压力、稍事休息的方法。可是换一个人，家务令他头疼，是压力的来源，就不会达到减压的效果。所以，什么是自我关照的方法？适合你的，一定要根据自己具体的情况、内心的反应，来分别和筛选。

（6）不求大手笔，但求容易做，重在坚持

自我关照不需要长时间、高费用。不需要非得泡温泉、做按摩、旅行……如果有兴趣而且条件允许，当然都可以成为自我关照的方式。但如果你觉得这些方式在时间和金钱上太"奢侈"，那么你可以选择其他的方式。比如，散步半小时、泡上20分钟的热水澡、瑜伽拉伸10分钟、深呼吸10次。此外还有很多方式，重点是找方便、易行的方法。多做好过少做，少做好过不做。

以下会列举一些常用的共识性的自我关照方法，但是适用与否，取决于你的具体情况。这些方法仅供参考，更多是起到启发的作用。也就是说，对于列举的方法，尽可以拣择，在实际操作中，也尽可以对细节做出适合的修改。生活中不起眼的自我关照方法和例子有：

如果新闻让你产生"世界很混乱"的焦虑，或世界的阴暗面让你悲伤，那么，不如暂时关掉新闻，合上报纸，换个频道。尽管了解时事是有价值的，但是我们得"量量心理体温"，必要的时候要降温。

喝足够的水。缺水会让人感到蔫蔫的、无精打采。补充体力，清醒头脑，有时只是伸手拿过水杯这么简单。

休息。包括睡觉、午休，以及什么也不做、什么也不想地发呆。对于疲惫的身心，休息，并不是浪费时间。

独处。提早上床，在床上写一段日记，翻两页书，听一首音乐，一点属于自己的安静独处的时间，做做睡前放松的准备。

个人卫生。刷牙洗脸洗澡，不只是去除污垢，保持整洁，避免不卫生带来感染、健康隐患或疾病，而且也可以起到改善精神面貌的作用，还可以借此表达对自己的关爱。比如，刷牙的时候，可以看着面前镜子中的自己，不是严厉地、挑毛病地看，也不是愁眉苦脸地看，而是给自己一个微笑，或温暖的，或调皮的；给自己一个问候，说一声"辛苦了""谢谢你的努力"，顿时心情就不一样了。再比如，用自己喜欢的润肤露，边擦边深呼吸，感受这个香味给自己带来的慰藉，感受按摩给自己带来的关注和放松。

散步。如果能在白天有阳光的时候，更好。不急不赶，发现什么，就停下脚步，欣赏片刻，比如发现树上的叶子变颜色了，深浅不一，感叹季节交替。

抱抱家人和宠物。拥抱的好处不胜枚举。比如，拥抱有助于分泌催产素（oxytocin），令人平静、放松，缓解压力和焦虑，并增强信任和联结感。拥抱能提高血清素（seretonin），带来愉悦感，减轻抑郁，调节食欲。拥抱还能促进分泌多巴胺（dopamine），有助于提升精力和提高动力。

做饭。俗话说"民以食为天"，我们中国人非常注重一日三餐、饮食均衡、现做现吃，很多人都想避免吃隔夜的饭菜。但如果时间少、事情多，不妨考虑一次多做些，留着吃几顿。能每餐在家里做新鲜的当然好，但是如果没人帮忙，自己又没时间、没心情、没精力去做，那吃自己做的隔夜菜，好过吃零食，也可能好过某些外卖。留意内心的完美主义倾向所带来的焦虑。毕竟生活是一个平衡，没有什么事是只有好处没有代价的。餐餐做新鲜的，所花的时间成本，以及时间安排上的紧迫感、压迫感，给本来就劳碌的人增添的压力，又怎么算呢？

运动。能激活副交感神经系统，降低心率，减少战斗或逃跑的应激反应，增加愉悦感、振奋感。中高强度的运动，比如 15～20 分钟，或者在家附近散个步，或者在家里跳开合跳 5 分钟，都算数。

✻ 本章小结

很多家庭，等发现孩子出状况的时候，症状已经挺严重了。唯有积极主动的防治才能在各个阶段尽量避免问题。研究一再显示，来自家庭和学校的支持，包括情感上、物质上等方面，是对患者至关重要的帮助。具体父母应当如何支持帮助生病的孩子呢？本章先从常见错误谈起，然后详细介绍了帮助控制孩子的心态与做法。既对治愈前景有希望和信心，又对治疗过程有接纳和耐心；既为孩子服务，又对孩子赋能；既表达关心，又不施加压力；既保护孩子的隐私，又适当地与学校合作。

❋ 思考与练习

1. 想象一下,如果自己患了抑郁症,会希望身边人如何对待我?

2. 根据对孩子过往的回忆和现在的观察,体会一下,孩子希望父母如何对待他?

第 5 章

如何应对孩子的自伤行为和自杀意图

> "我希望我爸妈能自责……我想通过我的死让他们反省……我会写一封信……如果只写信、不死的话,冲击力只有 10%,死了冲击力会有 90% 多吧。"
>
> ——来访者

如何发现孩子的自伤行为

非自杀性自伤(nonsuicidal self-injury,NSSI)指个体在没有明确自杀意图的情况下,故意、重复地对身体组织实施自我破坏。自伤往往与童年虐待史、抑郁症、焦虑症、进食障碍、创伤后应激障碍、物质滥用、边缘型人格障碍等有关。

最常见的自伤包括:

* 割伤皮肤

* 烫伤或灼烧皮肤
* 击打身体或用身体撞击硬物
* 经常拔身上的毛发
* 抓抠皮肤
* 破坏伤口愈合
* 往皮肤下嵌异物
* 吞下有毒异物
* 把自己置于危险情景，如酗酒、醉驾、不安全性行为

以下是孩子可能存在自伤行为的迹象：

* 身上（比如手腕、胳膊、胸部、腿部、腹部）有无法解释的伤口或伤疤（比如割伤、烧伤、淤青）
* 在与人发生冲突后，把自己长时间锁在房间或卫生间里
* 在房间中藏着利器（比如小刀、剃刀、美工刀、针、玻璃碎片）
* 发现带血迹的刀片
* 发现带血迹的面巾纸、毛巾、衣服
* 频繁发生"意外""不小心"导致受伤
* 不论天气多炎热，坚持穿长袖长裤（目的是掩饰伤痕）
* 佩戴遮盖手腕的配饰（比如护腕或手表），坚持不脱卸
* 拒绝参与需要脱衣服的场合（比如游泳）
* 亲眼看到或听人说看到孩子伤害自己

虽然不必草木皆兵，但是如果孩子的朋友中有人自伤，父母要留意孩子是否也尝试自伤行为。因为自伤遵循传染病学的发展模式，在年轻人之间，能够产生效仿、"跟风"、扎堆、同伴传染的现象。我的来访者们也告诉我，最早知道自伤，是因为同学在做，"如果她做了，那我也可以试试，

也许对我也有用"。除了身边人，网络、影视、新闻报道、社交媒体，也可能不幸地给儿童青少年传播了自伤的概念。

孩子自伤，父母应该怎么做

如果发现孩子自伤，父母可能非常震惊、恐惧、暴怒，或不知所措。父母也可能对自伤充满不解，"为什么好好地要伤害自己"，或者做出揣测，"是不是故意这么做想博得关注"，父母的这些反应都可以理解。然而如果父母的反应让孩子觉得父母不关注、不理解、不接纳他们，那么他们的心境会变得更糟。研究表明，当父母发现孩子自伤时，如果反应过度、批评、指责、羞辱孩子，只会让局面恶化，并且孩子更不愿意寻求帮助或治疗。所以父母首先要控制局面不恶化。父母得深吸一口气，给自己一点时间和空间，冷静下来。争取不让任何人和事物，包括自己，把已经很脆弱的孩子搞得更不稳定，把已经很紧张的气氛搞得火药味更浓。提醒自己：我们本意是帮忙，千万别帮倒忙。暂时冷静了之后，下一步再怎么办呢？要想继续稳定住局面不恶化，甚至要让孩子愿意敞开心扉、感受到爱、接受帮助，就一定离不开父母对自伤有充分的学习和认识。

认识自伤包含三个方面。第一，父母得了解自伤的危险。自伤会产生从表面创伤到永久性外表损伤等不同程度的伤害。大多数有自伤行为的人并没有自杀意图，非自杀性自伤本身也不必然恶化成自杀意图或行为。然而如果比较两个有自杀意图的人——一个没有自伤历史，另一个有自伤历史，有自伤历史会增加成功实施自杀行为的风险。即使没有自杀或没有留下永久性外表损伤，自伤的人内心一定是痛苦的。痛苦一日不得关注照顾，就一日不得减轻。除了自伤本身所造成的痛苦之外，自伤还带来新的痛苦，比如掩盖伤痕的压力，以及被发现伤痕时需要撒谎搪塞的烦恼。这一切始终是身心健康、人身安全、家庭幸福的严重隐患。

第二，父母得理解自伤对孩子意味着什么。尽管孩子掩饰得很好，但内心一定经历着难以承受的悲伤、痛苦、焦虑等情绪。自伤会激活内源性阿片系统（endogenous opioid system，EOS），自伤的疼痛促进内啡肽快速分泌，在短时间内增加愉悦感。因此，自伤有暂时舒缓、慰藉的功能。自伤既可以让孩子把堵在胸口无法表达的情绪和想法释放出来，也可以使他们暂时远离折磨他们的想法。既可以让人从翻江倒海的情绪中获得片刻宁静，甚至进入迷幻恍惚和解离，也可以让人在深刻的无力无望中以及庞大的混乱失控中找到一丝掌控感。从这个意义上来说，自伤居然有"自我关照"的成分。比如，一个女孩子，父母一方面对她的身体健康过度保护和控制，另一方面对她充满语言暴力和情感虐待。她通过自伤表达恨与报复，"你在乎我身体，我偏破坏它"，通过自伤提供的力量感和控制感来取代无力感和抑郁感。每次割伤后，有一种说不出来的放松和平静，平日里失眠的她可以沉睡。

然而，自伤更是自我惩罚、自我羞辱、自我仇恨。自伤经常发生在自责、内疚、自我厌恶的心境下，个体认为自己应当受到惩罚。比如一位初中生，作业做不出来、第二天交不了，她会非常冷漠地用长指甲搔抓手臂，挠出血迹，一下又一下，如同在抽打自己，而且有一些自伤的孩子，本来就受到过虐待，那么伤害自己的时候，无意中在重演创伤，自己同时既是施暴者也是受害者。

不论是"自我关照"还是自我惩罚，归根结底，是对需求的表达和自我满足。只是，它是一种非适应性的、弊远大于利的方式。父母固然需要帮孩子找到替代性的、适应性的、利大于弊的方式。但父母也有必要发自内心地关心，孩子为什么用自伤这个方式，他们究竟渴望实现什么？虽然自伤是不能接受的行为，但自伤背后的需求是父母必须关注、理解，甚至接受的。

第三，父母得理解停止自伤并不容易。自伤在肉体上有疼的感觉，但在精神上可获得快感，有自我抚慰的功能。重复激活内源性阿片系统会导致耐受效应，随着自伤的增加，要达到同样的快感所需要的疼痛程度得增加，意味着会有更多更严重的自伤行为，因此自伤有一定的"成瘾"性。同时，自伤具有循环效应：在自伤产生暂时的慰藉之后，紧接着是羞耻感，孩子知道自己做了一件不好且不对的事，产生难以承受的负面情绪，伴随着扭曲的思维和信念，加重抑郁症，进而增加再次自伤的风险……循环往复，难以打破。当理解了自伤的循环效应，父母对孩子的自伤行为就会更有耐心，当孩子没忍住复发时，能够原谅孩子，也帮助孩子原谅自己。

在父母冷静地控制局面不恶化、充分地认识自伤的前提下，父母可以和孩子一起面对自伤。带着对沟通不易的心理准备、对生命的敬畏和关心、对事实的求真和接纳，和孩子谈一谈。我们要知道，自伤不是好事，孩子不想说、不想面对，是再正常不过的。而且我们流露出的情绪，也可能进一步阻碍孩子和我们沟通。为什么这么说呢？如果父母暴跳如雷、兴师问罪，孩子自然会想躲起来。如果父母惊慌失色、痛哭流涕，孩子会想："现在你就已经受不了了，那我怎么还能让你知道更多呢？"总之，当父母的情绪不能自持，孩子可能会对父母的爱产生一定质疑，对父母的承受力感到一些失望，并为自己的痛苦无法与人分担而感到孤独。其结果都是内心的封闭，而非敞开。

为什么要有对生命的敬畏和关切之心，以及对事实的求真和接纳呢？对于一般人而言，自伤想想都可怕，切肤之痛，避之不及，避免疼痛原本是人的本能，一个人得陷于多么大的痛苦才会不畏疼痛，甚至追求疼痛啊！而在这么大的痛苦中，是什么让他没有向外界求救？抑或，他已经发出过微弱的求助信号，而外界居然一而再、再而三地忽略了？发生了什么？为什么走到了这一步？现在怎么办？他需要什么？父母可以做什么？

这一切的问题，只有当父母有对生命的敬畏和关切之心和对事实求真和接纳的心，才问得出；对孩子给出的答案，也才听得进。

带着对沟通不易的心理准备、对生命的敬畏和关心、对事实的求真和接纳，我们在孩子面前，安静地坐下。也许很长一段时间，谁也不会说话，但是不说话也可以做到一同面对。当父母准备好说话了，也许父母可以说："如果你想知道我的感受，我的感受很复杂，但是我觉得更重要的是你的感受。一方面我觉得你一定特别不好受，但另一方面我没法猜测你都经历了什么，你的苦衷只有你知道。如果你不介意告诉我一点，我一定好好听。如果你不想讲，等你想讲的时候，随时，我都在。"

如果孩子没有走开，而是继续坐着，甚至哭了，或者似乎在犹豫什么，那都是他在努力，努力让自己可以准备好表达并找到表达的方式。父母可以非常小心而温和地询问。但值得注意的是，父母可能有很多问题，却只得到很有限的答案。父母将谦卑地发现（或更深刻地意识到）自己对孩子的了解好少啊。比如父母能注意到孩子的割伤是比较刻意的图形，但并不知道背后特别的含义究竟为何。父母需要接受也许问题始终会比答案多。

如果可以的话，尽量通过询问逐步搞清楚以下几方面：

* 自伤究竟是非自杀性质的还是自杀性质的？
* 身边是否有同学、朋友自伤？
* 是否与别人共用自伤工具？是否有疾病传播和感染的危险？
* 孩子为什么自伤？背后的需求是什么？

在询问达到了解和理解的基础上，父母不带评判地理解自伤是对表达不出来的痛苦的表达，是对失去控制的生活的控制，能让麻木的人觉得自己还活着，能让充斥于内心的焦灼立刻消失。父母也客观平静地指出自伤的局限：从长远上，不能解决引起自伤的烦恼，反而会带来更多的羞耻、自卑、迷茫、绝望，加重痛苦、失控、麻木、焦灼。

如果孩子表现出想停止自伤的愿望，可以和孩子一起讨论和实施消除自伤行为的康复计划：

* 在孩子的同意下，移除可用于自伤的物品。
* 协助孩子准备一个情绪急救箱。可以是一个盒子、袋子、包，里面放积极正面的物件，比如自己和家人的照片、偶像的照片、鼓舞人的卡片；里面也可以放帮助抒发情感的物体，比如日记本、彩笔、绘本；里面还可以放帮助正念减压的小玩意，比如精油、压力球、自助方法的提醒卡片。
* 和孩子一起整理在情绪几近崩溃时可以采用的自助方法。方法必须是方便简易可行的。比如含冰块、咬柠檬、撕纸、在手腕上弹橡皮筋、摔枕头、跑步、跳绳、瑜伽、和宠物玩、泡热水澡……把自伤冲动转化成没有伤害或伤害很小的活动。
* 帮助孩子练习以下干预方法：感官着陆技术（sensory grounding skills），用五个感官来稳定自己，比如握住柔软的东西，闻精油的气味，把冰袋放在皮肤上，听安慰人的音乐……把自己引导到现在，提醒自己"我是安全的""我可以选择"；认知着陆技术（cognitive grounding skills），停下来现在正要做的，问自己有益处的问题，"真正让我不开心的是什么""如果进行冲动的行为，会让事情更糟还是更好？什么会让事情更好"；视觉化（visualization），用积极正面的视觉形象来抗衡痛苦，比如栩栩如生地想象自己置身于一个安全而美好的地方，或者想象苦尽甘来的高光时刻。
* 接受系统性的心理咨询和治疗。专业咨询模式可以从不同侧面有所

帮助：孩子进行个体心理咨询，孩子参与技能培养互助小组，整个家庭接受家庭治疗。系统的心理咨询和治疗可以帮助孩子关照内心的创伤，识别和干预自伤背后的情绪、认知、行为模式，学习和练习应对压力、负面情绪、认知扭曲和人际冲突的方法；并且帮助家庭改善沟通，处理冲突，增进理解。

* 如果自伤了，原谅孩子，并且充满慈悲地提醒孩子和家人，"改变是需要时间的，我相信你会找到你的道路"。

如果自伤的危机得到了稳定，配合专业的帮助，从长远上，在日常生活中，父母可以从以下几个方面进一步帮助孩子。

提高对自伤行为的诱因和压力源的觉察能力。帮孩子识别什么事情容易让他伤心、烦躁、有自伤的冲动？是考试，还是人际？知道了诱因和压力源，就可以对可能产生的不良的感受有一些心理准备。等发生的时候，冲击力会减弱一些。而且提前可以安排处理方法，比如知道出成绩会让孩子陷入自伤的冲动，可以提前约好和关心自己的人出去吃饭，转移注意力。

培养表达的能力。绝大多数自伤的孩子有述情障碍（alexithymia），对识别情绪、理解情绪、描述情绪存在困难。因为缺乏把情绪转化为语言的能力，没有了语言这个出口，忍着憋着到情绪决堤时，就用破坏性行动（即自伤）来作为出口。因此，我们得鼓励和培养孩子去识别情绪的细微之处，并学会用语言把情绪表达出来。父母可以示范自己对情绪的识别和表达，也可以多和孩子讨论情绪话题。

在孩子面前示范问题解决。父母可以多分享自己的经历，告诉孩子什么事情会让人伤心或烦躁，父母是如何处理的。每当生活中遇到难处，父母不害怕、不抱怨、不夸大问题、不推卸责任。反之，分享积极的思维、乐观的心态、分析问题的思路。

如何判断孩子有自杀的风险和征兆

根据世界卫生组织2019年的数据，自杀是15～29岁年轻人的第二大死因。在15～19岁的青少年中，对于男生，自杀是第三大死因，第一和第二大死因分别是道路交通伤害和人际暴力；而对于女生，自杀是第二大死因，仅次于孕产妇死亡（99%发生在发展中国家）。

在认识了当前中国儿童和青少年自杀相关信息后，需要了解自杀风险和症状的共识。首先，以下因素会增加自杀的风险：

* 存在精神障碍或心理疾病：研究显示，超过90%的自杀的人存在一个或多个精神疾病，其中最常见的是重度抑郁症；
* 有自杀的家族史：包括核心家庭成员（父母和兄弟姐妹）是否有自杀行为，也包括祖父母、曾祖父母、叔叔姑姑阿姨舅舅等亲人中是否有自杀行为；
* 有采取致命方法的便利条件，包括方便跳楼、跳桥；
* 有长期的严重的疾病；
* 有创伤史，包括被虐待、性侵、霸凌，遭遇暴力，目睹暴力；
* 长期处于压力之下；
* 近期遭受了重大的损失、灾难、社交拒绝；
* 冲动性强；
* 有攻击性、破坏性行为；
* 感到无望、无助。

其次，自杀意图开始可能是微弱的，比如"我要是不在这儿就好了""什么都没有意义"。随着病情恶化，可能变得越来越明显和危险，比如认真思考自杀的方式。

再次，尽管看起来突然，但很多自杀是有迹可循的。如果孩子出现以下行为，那可能是自杀的预警信号，包括但不限于：

* 经常且持续的悲伤情绪；
* 情绪突然起伏、极具戏剧化；
* 行为更具攻击性；
* 经常抱怨和情绪相关的身体症状，比如胃痛、头疼、慢性疲倦等；
* 饮食、睡眠习惯发生改变；
* 和家人、朋友、社交圈越来越疏远；
* 学习状态和学业表现下滑明显；
* 不再思考、计划、谈论未来；
* 经常思考、阅读、查询和死亡有关的内容；
* 在日记或网络中表达和死亡有关的内容；
* 反复开玩笑要自杀；
* 表达"很快你就不用担心我了"；
* 突然变得开心或平和起来。

最后，了解以下常见的自杀前的准备行为，能更好地帮助父母判断孩子是否有自杀意图：

* 攒药；
* 买绳、刀等工具；
* 把自己的物品送人；
* 料理后事，比如把个人资料收拾好，把欠的钱还了；
* 写遗嘱；
* 隐晦地和家人朋友表达告别，比如嘱托重要的事和物，提到敏感的字眼等。

在以上线索之外，判断孩子是否存在自杀风险的另一个途径是主动询问自杀意图。即使患有抑郁症的孩子从来没有表达过自杀意图，也建议父母主动和孩子讨论自杀的话题。这里要注意两个常见的问题。第一，不要以为孩子不提自杀就一定没想过自杀。想自杀的孩子绝对不敢告诉父母，他们只会隐藏，拼命隐藏，并在这一过程中，孤独地害怕。第二，不要以为谈自杀会让孩子想自杀。事实是，谈自杀并不会增加自杀的概率。如果孩子患有抑郁症但压根没有一点自杀念头的话，他会觉得父母关心他，父母开诚布公，没有什么尴尬的事不能和父母说的。如果孩子有自杀的情绪念头但没有计划，他会如释重负，终于可以把这困扰人的黑暗说出来了，而且说出来看起来是安全的，没那么可怕！即使孩子不承认，他也通过这个令他惊讶的谈话，得到了一个至关重要的新体验，那就是，连自杀这样的话题都可以找父母谈。也许不久后，就更容易主动向父母把心里话说出来。

那么如何主动询问孩子的自杀意图呢？不建议问"你没有想自杀吧"，因为这种问法传递了你不想听到孩子想自杀，那么孩子就更会隐藏自杀意图，顺着你的问法说"没有"。也不建议在看到自杀的新闻报道时，说"你可不会干那种蠢事吧"，因为这实际上不是在提问题，而是在提要求，目的不是了解孩子的真实想法，而是在告诫孩子不该怎么做。此外也不建议"打擦边球"地问"你没有什么奇怪的念头吧，你没有想要伤害自己吧"，因为孩子的内心可能在想"我不觉得自杀是个奇怪的念头。我也不是要伤害自己，我是要解脱"。其实，以上这些不建议的问法有一个共性，那就是父母不想听真相，可能也没有办法承受真相。这时，孩子也自然不会告诉父母真相。

那应当怎么做呢？父母应当找一个隐私有充分保障的安静的环境，营造开明的氛围，以开放的心态、温暖的语气，坦诚地沟通，不躲藏、不遮掩，大大方方地问："抑郁症很难受，人难受了有时想'活着有什么意思啊，不如走了好'，这是可以理解的。你有过这样的想法吗？"

如果孩子说有，不要试图讲道理，不要与孩子辩论自杀是对是错。不要试着说服或反驳他的话，"你的生活没有那么糟"。也不要威胁，"你要敢死，我也不活"。父母一定得保证心态开放，尽量保持冷静，尝试积极聆听的方法，复述总结孩子的意思，让父母的话像镜子一样把孩子的情绪呈现出来，这样孩子会感到被听到、被认可。在此基础上，可以进一步询问："是的，我能理解。有时这种想法太强烈了，人会不由自主做起计划来，你琢磨过要如何结束自己的生命吗？"

和孩子谈自杀话题，能帮助孩子化解对"死亡是从痛苦中解脱的唯一途径"的困惑，让孩子感到安全、被接纳。而且，谈话可以从自杀扩展到死亡、生命、意义等，这些可能是孩子感兴趣却不知道如何与父母交流的主题，只有当父母能像对学术问题一般平心静气地讨论，父母才有机会了解孩子的思想处在什么状态，也才有机会善加引导，毕竟他尚处于人生观、世界观、价值观塑造的阶段。交流从思想上、情感上都能拉近心与心的距离，而正是这份与亲人之间高质量的联结感，才是降低自杀可能性的首要的保护因素！因此，与孩子谈论自杀，需要建立在信任关系的基础上，建立在判断风险的能力上，还建立在对生命的理解、接纳和尊重上。

孩子有自杀意图，父母应该怎么做

父母的心情

一旦孩子承认有自杀计划，或者父母发现孩子有自杀意图，父母的反应一定是复杂而剧烈的。

震惊、痛心、不解。绝大多数的父母把孩子当作生命的重心，甚至生命的全部。日日夜夜、事无巨细地照顾，倾其所有给他提供最好的条件，他的一点一滴都牵动自己的神经。而且他可能是家里唯一的孩子。一旦发现他有轻生的念头，必定如同晴天霹雳。在之后的一段时间里，父母可能会做与自杀相关的噩梦，思忖"为什么会到这一步"而不得其解，甚至魂不守舍、心焦如焚。

恐惧。恐惧孩子会化想法为行动。"他会不会真的想不开""万一呢""一下冲动了怎么办"。自杀意图如同一个不定时炸弹，让父母心神不宁。在恐惧的推动下，父母可能会要孩子向自己发誓保证不付诸行动。孩子可能会保证。也许他是真心的，也许是在应付了事。即使是真心的，也不能确保真的不会轻生。为什么呢？因为即使当下下决心不轻生，但是未来面对内外在的困境，仍然可能会动摇，被拉回"活不下去"的心境中。而且即便孩子信誓旦旦，作为父母，也难以做到百分之百地放宽心。

愤怒。父母一下子接受不了表面上正常的孩子会厌世、轻生，有时他们对自杀的不解和恐惧借由愤怒表现出来，有时他们把孩子的轻生视为对自己的莫大否定和谴责因而倍感委屈。"我们这个家怎么对不起他了！至于要想不开吗""他必须好好反省，真正认识到自己的荒谬""我们努力给他一切，他却可以把一切扔水里，他不死我都得被气死了"——这些心情并不罕见。

父母不应做什么

这时，父母一方面要觉察、接纳、处理自己的情绪，另一方面在行动上要注意有所为有所不为。首先，有哪些事情尽量不要做呢？

对孩子泄愤。愤怒虽然是可以理解的，但是对局面有害无益。当父母说"你怎么不想想我们，你死了我们怎么办？你这样太自私了。好好的日子被你搞成这样"，孩子会想"是的，都是我的错。我不该活着"。当父母说"你脑子里都在想什么！你有病啊！你疯啦！你没救了"，孩子会想"是的，我有病，我没救了"。有些话，即使很想一吐为快，也要尽量克制。如果由着心情说出来，对孩子是雪上加霜，孩子将感到不被理解、反被责难，愈发孤独，也许会强化轻生的念头。

说教。当父母说"你的生活没有那么糟。你有很多别人没有的东西。你有很多值得活下来的理由"。孩子会想"你怎么知道？我不觉得啊"。当父母说"多想想你应该感恩的事情"。孩子可能会想"我不想去想，因为这会让我更加内疚，而这种内疚让我更加活不下去"。

简化原因。不要出于情感需要或"方便"，给孩子的自杀意图贴上简化或极端化的幻想性标签。比如"他一直是一个非常阳光的男孩子，性格好，成绩好，人缘好，各方面都非常优秀。就是因为失恋了，才会想不开"。失恋可能是最重要的原因，但也可能不是。作为父母要记得提醒自己"我未必了解孩子，我不应该认定他是怎么想的，事情可能比我想象的复杂"。

不重视。不要当孩子就是胡说、吓唬人、寻求关注。也不要寄希望于事情自己好起来。因为如果想死的原因没变，父母有什么理由认为想死的心会变呢？只要想死的原因继续存在，想死的心就可能继续存在。

把受害人变成自己。如果父母说"你为什么给我做出这种事来？你怎么能这么对我？你知不知道这伤我多深？你知不知道这有多丢脸"，孩子会想"说到底你关心的是你自己，你的面子"。虽然父母受到了打击，但是轻生这件事，首要的是孩子，重点是来理解孩子，而不是强调要孩子来理解父母。虽然父母被孩子的自杀意图所伤害，但是受到伤害并且意图自杀的首先是孩子。

过度愧疚。有些孩子有自杀意图，父母要承担全部责任；但很多家庭并非如此。父母需要一方面接纳自己愧疚的真实感受，另一方面愿意反思愧疚是不是缺乏事实基础地对自己求全责备。

家庭内讧。家人之间互相埋怨，"都是因为你，老是打击他，他才会有这种想法""要不是你那样对他，他不会觉得活着没意思的"。互相指责只会激化家庭矛盾，把精力从认识和解决问题上分散到了不可能达成共识的争吵上，并不能促成真正的反思，也不会带来问题的改善。

父母应该做什么

说了不要做的，那又有哪些事情可以做呢？这里分为以下两个具体情况。一个情况是，孩子打算付诸行动。这时父母必须进行危机干预。

当父母发现孩子在为自杀做准备时，虽然难度极大，但是要尽量不带负面情绪地、温和地问："我现在陪你去医院好吗？"或者如果孩子在看心理咨询师的话："我来帮你打电话给你的咨询师好吗？"如果孩子陷入情绪旋涡、呼吸急促，父母可以下蹲或坐到和他的身体高度相当的位置，用双手捧住他的头，看着他的眼睛，用坚定有力的目光和语气，把他拉回到眼前现实，不断地提醒、示范、带领他深呼吸，直到他平静下来。最好能自己留下来陪孩子，或者找一个信任的人留下来陪着孩子，暂时不要让他独处。在此期间，父母需要忍住各种翻江倒海的负面情绪，尽量表达关心、温暖和支持。一定要耐心、耐心、再耐心。作为父母，要让孩子相信他是真的可以向我们求助的。

孩子可能会要求父母承诺不把他有自杀意图这件事告诉任何人。这时，父母可能需要对孩子说："我知道你不希望任何人知道……如果是我，也会希望把它隐藏得很深。但是我想了想，我没有办法简单地答应你，说我一定不会告诉任何人。但我答应你，我们即使告诉其他人，也是极为有策略、有控制地让能帮到你的人知道。比如，我希望你能告诉你的心理咨询师，我自己也考虑去看心理咨询师。但是他们会为我们遵守保密原则的。"

除了沟通之外，父母需要和孩子商量着做出一份危机应对方案来。包括把自杀可能用到的工具（比如刀、攒的药）转移。帮他整理出一份危机应对卡片，上面写着：

- 家人、好友、信任的人的电话号码
- 咨询师、医生的电话号码
- 急救中心的地址
- 当地的或全国的危机求助热线
- 诊断名称和药物清单
- 药物史
- 过去企图自杀的历史
- 过去轻生时什么人、什么事物帮助打消了念头

和孩子确认这份危机应对方案，确保孩子愿意向列出的人员和地点进行求助。这份卡片要多准备几份，分放在不同的地方，比如手机、大门附近、卧室、钱包里。

另一个情况是，孩子表达自杀意图（比如孩子告诉父母"活着没意思，不如死了好"），但没有打算付诸行动。对这个情况，父母需要做好以下努力，从长计议。

调整情绪。如果父母能尽快以温和开放的心态觉察、接纳、照顾自己的情绪，就能早日进入可以帮助孩子的状态。否则，父母的情绪一定会"漏电"，干扰对孩子的理解和支持。

传递温暖。父母可以告诉孩子，"我不知道怎么帮你，但是我在乎你，我想帮你感觉好受一点""我在这儿，你随时需要随时找我，我会陪着你，我们一起度过""你对我很重要""告诉我，我现在可以为你做什么"。

反思。自杀想法的形成，并非一朝一夕。发现孩子有自杀想法，可能只是本来存在的问题的冰山一角浮现出来了。比如有的家庭存在家暴、酗酒、儿童虐待等。即使对于没有严重社会问题的家庭，自杀意图也警醒父母去反思，家庭是否"生病了"？父母是否一方面对孩子无比疼爱，另一方面不自知地给孩子以伤害？父母是否因为家人之间"不该客套"，或因为不习惯鼓励、肯定和安慰，而经常把气氛搞得过于严肃沉重和充满对抗？父母是否在教育孩子上有挫败感，于是逃避和他相处，以致关系越来越疏远，隔阂越来越深？父母是否在孩子身上看到自己不愿面对的过去，以致忍不住嫌弃且迁怒于孩子？父母的语言是否存在"暴力"？情绪是否容易失控？

真诚地道歉。父母固然要觉察和照顾好自己的心情和需求，但是也要小心它们占据了我们全部的内心，从而不小心忽略了孩子的情感需求。如果孩子想轻生的原因和父母有关，即使父母不认同，也许可以试着把自己的情绪先放在一边，先为自己对孩子造成的伤害说"对不起"。父母可以告诉孩子："你所说的的确让我很伤心，但是我不应该因为我会伤心就不让你说。你不喜欢和不认同爸爸妈妈的地方，你完全可以直接表达你的想法，我希望第一时间了解你的想法。我不会因为我会伤心而不让你说。恰恰相反，越是这个时候，越是你对爸爸妈妈有不喜欢、不认同、要抗议的时候，越是你受伤生气的时候，我越该在你身边，陪你好起来。我会问你：告诉妈妈（爸爸），我哪里伤了你。我可以弥补吗？还是你觉得已经弥补不了了？有些时候妈妈、爸爸或任何人，不可避免地会让你感到受伤，就像你也有让妈妈、爸爸感到受伤的时候一样。然而有些事情是不会因为这些改变的，比如我们爱你，我们非常想知道你的感受，我们会尽力去明白你，然后一起看我们怎么样做更好。"

了解孩子产生自杀念头的原因。有的孩子，并不一定是想死，但是觉得活着太难、太累，活不下去了，太希望能结束当前的痛苦了！怎么能结束当前的痛苦呢？已经试了很多，等了很久，总不见好转。似乎死亡是唯一能结束当前痛苦的途径。在对结束痛苦的渴望下，有的孩子会寄希望于死亡。这里面是深深的无力和无奈。

有的孩子并不一定是想死，但是看不到活着的意义、存在的价值，同时还要承受活着的辛苦，两相权衡，觉得并不值得。这背后往往是孩子长期无法做自己。孩子觉得自己必须做一个乖巧的孩子才能讨人喜爱，一旦表达真实的自己就会令人失望和破坏他人对自己的喜欢，必须压抑自己的愿望、满足父母的期待，在父母的管束下放弃自己的尝试，久而久之，把自己变成了一个陌生人、生活的局外人。平日里感到不被理解，遇到困难更不敢让父母知道自己真实的想法。在最需要包容、陪伴、支持的时候，父母的态度可能无意中更进一步地把孩子推向孤立无援、走投无路的心境。

有的孩子，并不一定是想死，但是想反抗和惩罚。这里举一个例子。一位留学美国的中国女大学生，在马路上要撞车，被路人拦住、报警、送进急诊室。她在精神科住院了几天后出院，被转介到我这里。当我问她为什么想自杀时，她说"失恋了"。乍一听，是因为失恋而抑郁，没有及时治疗，恶化为重度抑郁症，才发生轻生之举。然而这并不是真相。我问她在这次失恋之前是否发生过持续一段时间的抑郁。她说："有。""最早什么时候？""初中。"从初中开始不仅患有抑郁症，而且有自杀念头和自伤行为。进一步了解发现，她的抑郁症一方面有遗传因素，另一方面和从小父母的打骂有关。她回忆道，父母经常情绪失控，迁怒于她，她不知道为什么就挨了打骂，"如果我早上先刷牙，妈妈会骂为什么不先洗脸；如果我早上先洗脸，妈妈会骂为什么不先刷牙，反正我怎么做都是错"。长期以来，她深信自己一无是处，活着是别人的负担。在高中，当父母发现她有轻生念头时，父母认为是压力太大导致，于是对她说："谁没有压力啊？每个人的压力都很大。你想死，太不负责任了！"也许她的父母不知道怎么应对，一门心思想尽快把她的轻生念头扼杀掉。然而父母的反应却让她更坚定了自己应该死，"我后悔没死成，还要听这些骂"。随着沟通的深入，她告诉了我真实的自杀意图。这个例子说明了有的孩子想拿自杀来让父母后悔莫及，抱恨终身。

还有的孩子，并不一定是想死，而是为了父母能解脱。当父母精疲力竭地边付出边抱怨，甚至流露出对孩子的羞辱时，孩子看到父母的辛苦与不甘愿，觉得自己是父母的羞耻。那么，他在舍弃自己的生命时，想着，这样父母就不用再为他花钱，不用再为他操心……何尝不是想替父母了结一场恩怨，何尝不是他想你可以解脱？虽然，这不会真正地了结，也不会解脱。然而，在不成熟的心智中，有的孩子真真实实地想过，并且相信：自己活着就是个错误，死了对父母会比较好。父母说他傻也好、错也罢，但能不能感受一下，那个痴傻但天真得让人心疼的、微弱的愿望：他希望父母能过得好一点点，他知道自己这样只会让父母生气，他也不愿这样，他也很难过自己没办法成为父母喜欢的样子。孩子结束自己的生命，有时是因为他认为父母后悔生的是他、讨厌他。"既然双方努力了还是无法改变，也都无可奈何，那么，如果我离开，是不是可以让父母好起来？"

接纳孩子。不论自杀意图是什么，当发现孩子有自杀意图时，父母也许会说："你怎么这么狠心？你死了让我们当爸妈的怎么办？"我理解父母这样哀号背后的痛心疾首，但是这里想提供一个不一样的角度。从孩子的角度，这会强化孩子对自己的认知——我活着是孽，死了是罪，怎么都不对。其实，父母有没有想过，正是这个"你眼里的我除了不好还是不好"，让多少人生无可恋！不论是"我的死让你好过一点"，还是"我的死让你终于知道自己错了",孩子都希望父母能不再怪他、嫌他、厌恶他。哪怕以前看孩子千般不是万般不该,但在孩子表达自杀意图的这一刻,父母能不能看到除了继续责怪孩子的其他内容呢?

父母希望孩子能停止"胡思乱想",好好面向未来,重点并不是孩子会不会轻生,而是孩子活得好不好。因此,父母得理解孩子,即使透过自杀意图这么难以理解的事情也要理解孩子。理解孩子的感受,因为那是孩子的现实。理解孩子对父母的指责,因为指责说明孩子对父母能做出改变还抱有希望。理解孩子的需求,因为如果需求被"看到"和重视,能带给人温暖,能激发活下去的勇气。唯有当父母理解了自杀意图的背后实际是在表达什么,父母才能有的放矢地给到恰如其分的帮助。

重新认识孩子。不论孩子有没有抑郁症,父母得真正明白和接受一件事,那就是自己不一定了解孩子,哪怕朝夕相处。而对于有抑郁症的孩子,更是如此。因为有抑郁症的孩子,尤其是想自杀的孩子,往往把内心隐藏得很深。他可能会告诉关系最好的朋友或者相隔十万八千里的网友,而家人则可能被蒙在鼓里、后知后觉。看起来一切正常,没听他主动提什么,问起来也都是"还好,就那样",天天在一起却并不了解他真实的内心世界。发现孩子有自杀意图,如一记警钟,提醒父母,孩子在长大、在变化。如果父母对孩子的观察和理解没有跟上步伐,父母头脑中的孩子就只是停留在过去,而偏离了他现在真实的样子。所以父母必须睁大眼睛,用心体会,重新认识孩子,也重新认识自己。

感恩。"我的孩子有自杀意图"这个发现,令父母警觉。能在彼此的生命中——尽管彼此都不完美——本身是一件多么值得珍惜的事,日常生活的平淡平安——尽管有各种烦恼——是多么令人感恩。也出于感恩,父母可以更加有心地安排平日的生活和丰富节假日的活动。

积极改变。在孩子没有走上要"通过死来让父母好过一点或反思自过"的道路之前,父母可以做也需要做的是别把孩子看得"到处是问题"。有时,能发觉"我看孩子到处是问题"。有时,能感同身受地体会,"如果有人看我都是问题,我是会爱他还是恨他"。有时,能想起"生命中有过谁,也曾看我都是问题"。有时,能突然倒吸一口凉气:我是谁?什么让我有资格看一个人到处是问题?有时,能把压在身上的那么多的气愤、孤独、无助、烦恼,化作柔软的、湿润的、亦暖亦凉的眼泪。让自己,在眼泪里,柔软下来、温润一些,去体会自己与亲人的冷暖。借着体会到的彼此的不易,自然地不再把彼此伤害的洞扯得更大。生活已经够劳心劳力了,如果父母眼里只有问题,并且借此大肆发火,岂能不迅速耗竭?所以,做家长的得想尽一切办法,让自己在辛劳中还乐意过眼前的生活,还中意眼前的人。生活中,并不是处处都"有问题",父母要学着多看到"没问题"的地方,即使"有问题"里面也存在"没问题",少一点"解决问题"的野心,先追求"不扩大问题",否则问题也许真的会以悲剧告终。"我的孩子有自杀意图"这个发现,虽然痛,但可以成为一个加速器,加速自己的反思和改变。父母可以提高对自己的心态、情绪、行为、冲动的觉察,并且争取尽快处理和转化。这可能需要借助心理咨询师的专业帮助。

总体而言,当父母发现孩子有自杀意图时,一方面要觉察、接纳、处理自己的情绪,另一方面要给孩子充分的温暖、理解和帮助。这如同两只脚走路,缺少哪个都不利于局面的稳定与改善。

✳ 本章小结

当父母发现孩子有极端的想法或行为时,难免会惊恐、不解,复杂的情绪往往以生气的模样表现出来。站在父母的立场,孩子有极端的想法或行为,固然令人愤然;但是,请在怒其不争的同时,有一份理解:

不论父母认不认同他们的痛苦，他们内心都有痛苦。他们内心有痛苦，才借行为转移注意力，求得片刻喘息。他们内心的痛苦，盖过了对生命的眷恋，才顾不上活着，只渴望解脱。父母的不解与愤怒固然可以理解，但父母应该用不解与愤怒帮助理解孩子，而不是疏远或逼迫孩子。如何用不解与愤怒来帮助理解孩子呢？父母的不解与愤怒有多强烈，也许他们的痛苦就有多强烈；不解与愤怒有多频繁，也许他们的痛苦就有多频繁；不解与愤怒有多令人无助，也许他们在痛苦中有多无助；不解与愤怒有多令人窒息，也许他们的痛苦就有多令人窒息；父母在不解与愤怒中有多需要帮助，也许他们在痛苦中就有多需要帮助……

∗ 思考与练习

1. 想象一下，如果需要和孩子讨论死亡或自杀话题，父母要以何种表情、眼神、语气、肢体语言？想问什么，怎么问？想说什么，怎么说？

2. 如果自己有过不想活的念头，当时是怎样的心境，现在的自己想对当时的自己说什么？如果没有过不想活的念头，请阅读一本有关抑郁和自杀的自传体小说，想象如果自己是主人翁的亲人，想对他说什么？

第二部分

预防孩子抑郁，如何做

在第4章中，借用"上医医未病之病，中医医欲病之病，下医医已病之病"的思路谈到，"任何时候都要做的是医未病，有些时候需要做的是医欲病，迫不得已才要做的是医已病"。本书的第一部分针对的是"医已病"，在孩子得抑郁症时父母迫不得已要做的。而第二部分将围绕"医未病"和"医欲病"，即为了孩子的心理健康任何时候都要做的，以及初见端倪时杜微慎防需要做的。在第1章中，分析了抑郁症症候群包括的五大方面：人际关系、身体、认知、行为、自我态度。接下来我们就分别从这五个方面来谈如何预防抑郁症的始发与复发，如何最大化地引导出孩子健康阳光的一面。第3章所提到的，关于父母如何增强关爱和减少过度保护，以及如何帮助孩子提高自我引导性和减少对伤害的回避性，也贯穿着在这里得到回答。

第 6 章

建立足够好的关系

> "我想我爸妈是爱我的,但我觉得他们不喜欢我。我们之间除了学习没话说。你问我'喜欢数学吗',我爸妈从来没问过我喜不喜欢。同学要熬夜的作业我早做完早睡觉而且分数高,但是我妈的反应是'你为什么不再多学一点'。我做多好都不够,好事儿都能变成了坏事儿。"
>
> ——来访者

从"我为你好"到"我和你关系好"

始于 1938 年的哈佛成人发展研究(Harvard Study of Adult Development)提醒我们,幸福健康长寿的最重要的预测因子并非财富名望,而是人际关系。与家人、配偶、朋友之间优质的亲密关系可以保护大脑、促进健康、带来快乐。

具体到抑郁症上,良好的人际关系是预防抑郁症的重要因素,对于已经患上抑郁症的人，人际关系改善可以减轻抑郁症，而抑郁症好转也能提高人际功能、改善人际关系。反之，不良的人际关系是诱发和加重抑郁症的风险因素，抑郁症又进一步恶化人际功能和关系。因此，治疗抑郁症的有效方法之一是人际心理治疗（interpersonal psychotherapy, IPT），由美国精神病学家杰拉德·柯勒曼（Gerald Klerman）和默娜·威斯曼（Myrna Weissman）开发，旨在帮助患者学习沟通技巧、改善与抑郁发作直接相关的人际关系困难、建立社会支持网络。

儿童和青少年的人际关系困难主要包括四个方面：失去亲人、在重要关系中发生冲突、生活环境或社交圈子变化后难以适应、社会性孤立。与父母的关系是儿童青少年人际关系中最重要的部分，也是影响抑郁发作和好转的关键条件。本书将重点探究父母和孩子之间如何建立足够好的关系来预防抑郁症。

父母的所思所想虽然几乎都围绕着"如何为孩子好"，但不一定能如愿以偿。有些父母遗憾地感叹，孩子似乎领会不到"我都是为你好"，不但不领情，甚至会有让父母寒心的言行。难道"我为你好"不够吗？

老实讲，不够。举个例子，当我们还是学生时，有没有过这样的经历：某门课的老师，我很喜欢她，她也很喜欢我，每次上这门课我就很有动力，上课时也很愿意多发言，遇到考试也积极准备努力考好。相反地，有的老师让我觉得，她就是不喜欢我，跟我说话时阴阳怪气，有时候会针对我、挑剔我，然后我就特别不愿意上她的课，我也不在乎考得好不好，逐渐地我因为讨厌这个老师而讨厌这门课了。简言之，当我们喜欢某位老师、和她关系好时，我们更愿意也更容易学好这门课；当我们不喜欢某位老师、和她关系不好时，我们更容易抵触也更难以学好这门课。

同样地，父母希望对孩子施以影响，如果这种影响被称为教育的话，我们往往重视教育的内容而不够重视教育的载体。家庭中，我们和孩子的关系就是教育的载体。我们想要传递的教育内容再好，也需要有足够好的关系才能被孩子吸收、消化为良好的教育结果。具体到抑郁症的防治上，在第4章我们引用了"安全网"的概念，安全网是由人组成的，其中最重要的人就是父母。然而只有当父母和孩子的关系足够好，才能真正被纳入孩子信赖依靠的范围，才能真正起到安全网的作用。

有的父母可能会提出质疑："我在外面面对各种压力，回家还要当爹妈、当保姆、当老师，多不容易，我方方面面管他，他肯定不乐意呀，可我又不可能不管，不可能凡事都你好、我好、大家好啊！难道我不对孩子负责了，变成处处去取悦他吗？"不是的。这里说的不是取悦。而是，如果"我为你好"做起来很累、效果又不好，那么不妨试试先从"我和你关系好"入手。

比如孩子说他最近感觉腰酸背痛，父母从"我为你好、帮你解决问题"出发，可能会指出父母所认为的问题症结，"你这是窝在沙发上看手机，几个小时一动不动的后果"，提醒孩子重视，"你要注意了，不能再这样下去了"，以及要求孩子做出行为改变，"你要注意坐姿，坐一个小时就起来动一动，过几天还不好我带你去医院看"。这一系列反应的背后都是父母的好意。然而不凑巧的是，孩子听到"你这是窝在沙发上看手机，几个小时一动不动的后果"，觉得被指责，心想"又来了，不管和你说什么最后都变成说我的不是，早知道不和你说了"；听到"一定要重视，不能再这样下去了"，觉得焦虑，抱怨"成天担心，还把你的焦虑传染给我"；听到"你要注意坐姿，坐一个小时就起来动一动，过几天还不好我带你去医院看"，觉得有压力，嘀咕"搞这么大动静，我随口抱怨一下结果给自己找了这些麻烦"。一边是孩子悻悻然，一边是父母一番好心被辜负。委屈之余，惦记着孩子的疼痛，过两天询问起，但孩子依旧不耐烦地说，"哎呀，你不用管"。父母也不免悻悻然。

再比如孩子喜欢二次元，父母出于"我为你好、帮你把关"，觉得二次元花里胡哨的肯定不会是好东西，还影响学习，一下子就否定了孩子的爱好。在自己最感兴趣的事物被否定的时候，孩子感到自己也被否定了。于是开始否定父母，"古板过时"，以及否定自己和父母的关系，"他们没能力理解我，我们说不到一起"。一方面，父母会希望孩子和自己有话说，但另一方面，一个本来可以让孩子滔滔不绝、眉飞色舞的话题却被浪费了，岂不可惜？

这两个例子里，"我为你好"的心态，一不小心让父母成了话题终结者，不仅让孩子觉得"聊不下去，没什么可说的了"，而且还让双方都产生了失望之情。之所以效果不好，是因为在推行"我为你好"的时候，忽略了"我和你关系好"。只有我和你关系好，"我的好"才能被你吸收。关系是载体。所以，"我为你好"是不够的，需要先实现和保护"我和你关系好"。

回到第一个例子，如果孩子说，他最近感觉腰酸背痛，父母从"我和你关系好"出发，"哦，那肯定不舒服"，再询问"有什么我可以为你做的吗"。这时，孩子感受到温暖和被支持，也许会主动说，"可能是我坐的时间太长了"。这时，父母可以表示赞同。孩子感到被肯定，也许接下来自己会想调整。当然了，想到不等于做到，可能会忘记，或者习惯难以克服，但至少是他在自我反思和为自己负责的方向上前进了一步。毕竟最终照顾和管理孩子的人是他们自己。如果孩子没有主动提出他对原因的判断，父母可以问："你大概知道是什么原因造成的吗？"如果孩子说不知道，父母可以不施加压力地分享一句，"我有时一个姿势坐久了也会腰酸背痛，但拉伸之后会好一些"，供孩子参考。没有下结论"你的腰酸背痛一定是长期保持不良坐姿造成的"，也没有强迫孩子改变行为"你要拉伸"，这时孩子感到的是被父母的问题和经验启发，但没有被强加的压力。

再回到第二个例子中，孩子喜欢二次元，父母出于"我和你关系好"，会产生兴趣："哦，是什么好东西？"虚心讨教："这是什么？那是什么？为什么这样？为什么那样？然后呢？"当父母对孩子感兴趣的事物感兴趣时，孩子会感到我们对他的兴趣。当父母喜欢孩子喜欢的东西时，孩子会感到我们对他的喜欢。也许，他还是会花很多时间在他的爱好上，但是当父母在尊重和认同他的爱好的前提下提醒他少花点时间时，相比于在贬低和否定他的爱好的前提下，孩子才更有可能听得进父母的提醒。

实现和保护"关系好"，家长要以一种"这人我并不是很熟，但我很想跟他搞好关系"的心态来跟孩子互动。很多父母和孩子默认彼此已经很熟了，就不需要在意说话的技巧和对方的感受。然而，很多时候父母和孩子并不熟悉。孩子成长过程中，越来越多地接触到除父母以外的人和父母不熟悉的事物，父母不能控制孩子受到的影响，各方面都会发生改变。孩子的很多想法、喜好，可能都已经改变了，只是父母还没有觉察，甚至一直都不会觉察。在接受"我和孩子并不熟悉"的前提下，抱着"我想要和他建立美好关系"的愿望，父母会去思考：在和孩子的互动中需要注意什么？什么话应该换个方式说？什么话最好先不说？什么问题可以多问？什么问题不适合问？父母会有意识地跟孩子分享自己的兴趣爱好，也探讨孩子的兴趣爱好。在聊天中父母也会找到和和气气、你来我往的感觉，语气礼貌、热情，注意对方的感受，一个话题结束了开始下一个话题，让聊天可以继续下去。其实，这些都是父母会做也常做的，只是有时对家人忘了或懈怠了。

事实上，在孩子小时候，孩子会时常黏着父母，注视父母时，眼里都是水汪汪的爱，会向父母索取拥抱和亲吻，会说"我爱你妈妈，我爱你爸爸""你是世界上最好的爸爸，你是世界上最好的妈妈"……那些都是真实发生过的。那眼里、笑里、举手投足中的爱，都是真的！

后来呢？孩子和父母互动，是否开始迟疑、敷衍、回避了？难道真的是孩子越长大，就越不在意父母了吗？其实，父母扪心自问，也知道没有孩子不想让家长喜欢他、认同他、为他感到骄傲。除非有极端情况，否则几乎没有孩子会轻易放弃这种渴望。这，是一个非常宝贵的情感基础。父母要好好把握，让自己和孩子的关系足够好。

那么，什么是足够好呢？一个衡量方法是，保证积极正面的互动多过消极负面的互动。心理学家约翰·戈特曼（John Gottman）和朱莉·戈特曼（Julie Gottman）数十年对婚姻的研究显示，有些夫妻三天一小吵五天一大吵，有些夫妻几乎从来没提高过嗓门，更多的则介于两个极端之间，重要的是，冲突的次数并不是预测婚姻满意度的指标。预测婚姻满意度的指标是正面与负面互动之间的比例。夫妻之间正面与负面互动的比例，如果大于等于5∶1，那么夫妻关系处于稳定和谐满意的状态；如果小于5∶1，关系会"入不敷出"、受到破坏；而如果小于1∶1，则濒临破裂。家庭内没有矛盾几乎是不可能的，婚姻要想延续下来，最关键的是，要有正面互动来抗衡负面互动的影响。每一次负面互动，需要有至少五次正面互动来"抵消"，5∶1的正面和负面互动比被称为爱情的黄金比例。

夫妻之间正面与负面互动的比例，除了可以预测婚姻的质量和寿命，是否对孩子的成长有影响？带着这样的问题，心理学家们发现，夫妻之间负面互动多过正面互动的，孩子有更多的行为问题；父母之间正面互动与负面互动比例越高，孩子展现出的亲社会性行为越多。最重要的是，父母之间正面互动与负面互动比例至少为2∶1时，才能抗衡负面互动带给孩子的伤害。

还有一个比例值得关注。心理学家马歇尔·洛萨达（Marcial Losada）和芭芭拉·弗雷德里克森（Barbara Fredrickson）研究发现，积极情绪与消极情绪的比例，可以区分"兴盛"（flouring）的人和"衰败"（languishing）

的人。"兴盛"之人的积极情绪与消极情绪的比例高于3∶1，而"衰败"之人则低于此。3∶1的比例也被运用在职场中。通过观察公司成员之间的互动，如果正面互动（如赞扬、感谢、鼓励）与负面互动（如批评、指责）的比例，低于3∶1，公司经营不理想；在3∶1以上，尤其在3∶1与6∶1之间，关系运作好，工作绩效高，公司迈向成长（高于6∶1，尤其高于11∶1，则过度褒奖、盲目乐观，团队也会瓦解）。所以，3∶1被称为"关键正向比例"（critical positivity ratio）。

以上三个比例，5∶1、2∶1、3∶1，告诉我们什么？我想说的是：一方面，不建议纠结具体数字，比具体数字重要的，是背后的理念。如果父母和孩子保持足够好的关系，那么积极正向的情绪与互动大体上多过消极负面的情绪与互动。另一方面，消极负面的情绪与互动，是不可能避免和消除的。然而当发生之后，我们要警觉，要努力去制造能产生积极正向情绪和互动的机会！如同银行账户，并不会因为取钱就破产，但一定会因为只取钱却不存钱而破产。很多人会觉得5∶1的比例太高了，3∶1也很高，如果这么高才有效，很多人会觉得做不到就干脆不做了。然而，我们更需要把握的重点是，让积极正向的情绪与互动大体上多过消极负面的情绪与互动！

从"爱你在心"到"让你感受到我的爱"

在父母和孩子的相处中，容易出现一种恶性循环：父母明明倾心竭力地爱孩子，可是当孩子对爱的感受不明显不充分时，他们对父母就容易产生抵触，造成关系恶化；而当父母感到自己的关爱有去无回、得不到回应，说什么孩子都不听时，父母又会特别沮丧、挫败、更容易暴躁，忍不住会带着情绪来管教孩子，而这样一来，孩子就更加感受不到父母的爱，更加疏远父母，因而关系再次受到破坏。

父母如何才能让自己的爱被孩子感受到呢?《爱的五种语言》(*The Five Love Languages*)是美国作家盖瑞·查普曼(Gary Chapman)以婚恋关系为主题写的一本书,所提出的理念可以借鉴过来谈谈亲子关系。在书中,查普曼把人们表达爱意的方式划分成了五种。这五种爱的语言分别是"肯定的言辞""精心的时刻""接受礼物""服务的行动""身体的接触"。其中,"肯定的言辞"包括夸赞、鼓励、感谢、欣赏、安慰等。"精心的时刻"是高质量地共度时光。在一段时间里,双方放下手机,不要一边做别的事情一边交流;把你的全部注意力都给予孩子,保持目光接触;注意孩子描述一件事情时所表达的情绪,做出情绪上的共鸣;观察孩子的肢体语言,以及肢体语言所表露的情绪;孩子结束一个话题之前,不要打断他。"接受礼物",顾名思义,可以在生日或节日时,准备礼物,也可以是平日里的小惊喜。"服务的行动",这简直是父母的普通日常行为,大多数行动都是围绕着服务孩子,生活起居、饮食冷暖、课外发展……"身体的接触"在亲子关系中,可以是拥抱、牵手、拍拍头、抚摸后背、击掌、打闹等。

每个人表达爱的语言不一样,我在意的未必是你在意的,在我们要向一个人表达爱的时候,我们要使用他喜欢的语言。因此,观察自己倾向于使用什么爱的语言,了解孩子希望得到什么爱的语言,判断两者是否匹配,就变得非常必要了。比如,父母往往用"服务的行动"表达爱,但是有的孩子不仅不领情还嫌你烦,觉得你把他当小孩,显然他看重的爱的语言不是服务,那是什么呢?可能是希望得到肯定、赞扬、鼓励之类的"肯定的言辞",而这恰恰是许多父母不习惯或不擅长的。这样就造成了"我明明爱孩子,但是孩子怎么就感受不到我的爱"的困难局面。

在这里,我想把"肯定的言辞"中的赞美单独拎出来深入谈一谈。每个人都有被尊重、被认可、被赞美的渴求,事实上,美国心理学之父威廉·詹姆斯说过:人性中最深层的原则是渴望被欣赏。而我们怎么知道自己被人欣赏呢？最直接的方式就是听到别人对我们的赞美和肯定。

如何给予赞美呢？首先，要将赞美的内容详细化、具体化。因为只有留心观察过对方，才可能说得出具体的优点，所以越具体，表明越关注；越详细，表明越用心。比如，一句"你讲得太好了"非常宽泛笼统空洞，你赞美的人往往认为你只是在客气或者敷衍一下。这句话可能左耳朵进右耳朵出，并不会对他产生多大的影响。然而，如果你说"你讲的好几个要点都很新颖，比如……，我之前在类似场合都没听到过，你真的是很有想法啊"。对方更容易相信你的赞美是真诚的，因为它言之有物。

其次，最好着重对努力和过程进行赞美，还必须实事求是、恰如其分。比如，如果一幅画并没有画得很好，却说"你画得太棒了"，会显得虚伪，但是"你画得有进步"或者"你画了很长时间，心好静啊"，则让人感到切实可信。

最后，赞美要真诚，离不开对孩子特点的接纳以及可爱之处的发现。哪怕你不觉得孩子的某个特点有多好，但是你听过有人觉得它好，或者社会上有人欣赏它，那么就值得把它作为一个优点，在合适的时候给予肯定！比如，一位妈妈是急性子，偏偏孩子是慢脾气，平日里时常因孩子的慢慢吞吞而着急上火，冲突不断。我们讨论了急性子和慢脾气各自的优缺点，妈妈承认慢脾气也是有好处的。后来，在孩子耐心做事的时候，妈妈就开始肯定他了，"我看你做事不急不躁，有耐心""你的心态好像蛮稳的，做出来的事应该也会蛮扎实"。孩子开始时可能有些吃惊，虽然不愿表现出来，但心里很开心。长远上看，妈妈的转变帮助孩子认识自己的优点和特点，整体上更积极地看待自己了。

其实，不吝赞美和其他各种表达爱的语言，父母是能做到的，因为在人际互动中都有反复使用这些方法来拉近距离和建立关系。也就是说，父母都是有这个能力的，只是有时和孩子在一起时，父母忘了这种技能。忘了和孩子搞好关系，只想着要管教他、改变他、引导他，反倒会适得其反。

从"着眼孩子"到"反观自己"

如何从强调"我为你好"转变为关注"我和你关系好"，实现让孩子感受到父母的爱的效果呢？下面两节具体谈谈。因为爱孩子，父母关注的对象是孩子，每天琢磨的问题也都围绕着孩子。比如："孩子懒散消极，怎么办？""孩子情绪不稳定，容易发脾气，甚至有些不可理喻，如何引导？""如何让孩子接受家长和老师的意见建议？""和孩子沟通时，他的心理壁垒比较高，有什么技巧能快速卸下吗？""孩子不和我交流，怎么办？""孩子逆反，但我控制欲强，如何沟通？"

面对这些问题，恰恰得暂时把目光从孩子身上挪开，来到我们自己身上，先以自己为关注对象，并围绕自己来提出三类问题。第一类问题，我有相似的经历吗？具体而言，我有没有过和孩子类似的状态或者阶段？如果有的话，当时我身边的人是如何对待我的？他们对待我的方式是让我感到温暖还是受伤？我是否希望他们能换一种方式？

回到家长提过的问题上："孩子懒散消极，怎么办？"不妨回顾一下：我是否有过懒散消极的阶段？我是怎么走出来的？如果当时有人想帮我走出来，我希望他具体做哪些事情来帮助我？抑或，我是否更愿意靠自己、找到属于自己的答案呢？

"孩子情绪不稳定，容易发脾气，甚至有些不可理喻，如何引导？"不妨回顾：当我正火大心烦时，有人想引导我走出愤怒的状态，这时我会有什么反应？是非常欢迎、特别开心，还是有点抵触和恼火？别人究竟做什么可以引导我走出坏情绪？是让我一个人待着，还是跟我说说话、讲点有趣的事情分散注意力？如果有人喜欢问我"你是什么感觉？为什么心情不好"，并且和我分析"你该如何看待问题？你有什么做得不对"，可我恰恰不喜欢这样，那我的感受会如何？或者，如果我希望有人陪我复盘、分析，但是身边的人因为我心情不好而不敢走近我，或者坚持认为带我吃顿饭，转移注意力就够了，那我又会有怎样的感受？

"如何让孩子接受家长和老师的意见建议？"不妨问自己：我喜欢什么说话方式，不喜欢什么说话方式？我愿意听别人说教吗？如果我也厌烦说教，那更何况孩子？别人怎样做时能让我接受他们的意见建议？我是不是还挺倔的，挺有主见的，别人说什么我都不愿意随便听？别人说一次就可以了，我会去考虑的，但如果反复不停地说，说得越多我越不想做？还是，别人说什么我都很在意，我希望别人对我满意，对我印象好，所以我一般不会反对别人？

第二类问题，沟通不畅，哪些是我的原因？

"和孩子沟通时，他的心理壁垒比较高，有什么技巧能快速卸下吗？"这个问题的落脚点在"如何能让孩子对我们放下戒备"，很有意思。其实，人有心理防御是正常的。尤其以后孩子到了社会上，如果孩子总能很快地对别人卸下心理壁垒，作为父母反而会倒吸一口凉气。孩子有防御，说明孩子具有一定的自我保护机制。需要父母通过改变自己来潜移默化影响孩子，更合理地运用自我保护机制。

父母要先通过换位思考搞清楚孩子究竟"为什么要防御父母"。对于可能的答案，父母的第一反应会觉得冤枉，觉得孩子不理解自己，错怪自己了，把自己的好心都往坏处想了。有这样的反应其实很正常。接下来，我会建议父母就对自己说"假设真的有这个'不好'，只是自己没有意识到，那么接下来这一周，就好好地留意一下这个'不好'"。

比如本书开头提到的妈妈，孩子怕她，妈妈觉得冤枉，但是带着"也许我无意识地给了孩子心理压力"的假设，观察了一周后她发现，和孩子沟通时，她情绪容易激动，犀利的语词把孩子的表达一下就掩盖了。情绪劫持了对话，压力堵住了交流，这样的沟通就很无效又可惜。在看到这一点之后，她感触很深，自发地愿意调整自己。所以，带着"也许我真的有那个'不好'"去跟进和落实对自己言行的观察和检验，会发现良多。

"孩子不和我沟通，怎么办？"建议先反问自己有没有把"沟通变少或不够多"等同于"不沟通"，把事情严重化了？以及有没有把"和我沟通"这一个现象从其他的因素（比如孩子和其他家人的沟通程度）中剥离开单独看待？进一步地，我们可以问自己：以我对孩子的了解，不和我交流背后是什么原因，可能和我的哪些言行特点有关，我愿不愿意调整一段时间看看效果？为了让孩子多和我交流，我做过什么，我愿意尝试什么新的方法？在对孩子说之前先对自己说，帮助父母将心比心、换位思考，以后对孩子说时更能达到沟通的效果。

此外，需要正确认识"不沟通"。"孩子不和我沟通"有两种情况。第一种情况是孩子在青春期经历正常的分离独立的过程。这个现象本身不是病态，不需要过分担忧。如果父母经常把孩子病态化了，看着孩子哪都是毛病，就会让亲子关系变得沉重，也会让孩子想躲着我们，因为没有人愿意成天被当作病人。而且，当父母看孩子的眼光是包容的，觉得青春期的分离独立是正常的、普遍的，是个体心理发展的一个必经阶段，父母不仅对孩子少一些焦虑和责备，也对自己少了一些焦虑和自责。比如，一个孩子进入青春期后进房间后就关门，跟父母接触相对减少，但是在吃饭时、看电视时、接送上学途中，还是会和家人说话聊聊天，那说明这个孩子并不处于和父母"不沟通"的状态。孩子关门，说明这会儿需要独处，父母可以顺应需要给予空间。而在吃饭、看电视、接送上学时，可以抓住机会，好好地跟孩子互动交流。

然而有的家庭是第二种情况，孩子完全处于封闭的状态，没有任何和家长交往、交流和互动的行为。那么家长需要进行长时间、耐心的努力和尝试，来寻求改变。没有一个办法是你今天做了孩子明天就能跟你说话了。所以父母得选择，要不要下这个功夫，因为这个付出是需要持续进行的。如果遇到挫折就放弃，过一阵子内心平复了再努力一下，又很快气馁……虽然努力了，但是看不到效果，因为炉子燃了灭、灭了燃，断断续续，水始终烧不开。要能做到面对挫折坚持不懈，必须得先想明白孩子为什么把自己封闭起来。

孩子把自己关起来，有两种原因。第一，他觉得自己想做的不是你想看到的。比如说打游戏，所以他要关起门来打。如果你也的确不想看到他打游戏，那说明他的判断是正确的，他关门的决定也是可以理解的。除非父母改变发现后的教育方法，否则孩子多半会继续关着门。第二，他对自己的整体感觉不好。这就不是只针对家长了，而是在学校、在外面跟大家接触时，习惯保持比较自卑的、把自己缩起来的状态。如果是这种情况，怎么办呢？试想，如果父母看孩子的目光就是哀其不幸、怒其不争，孩子一定会对自己很失望。有一种说不出来的悲伤、被这个世界否定了的悲伤。所以，这时候他是难以向任何人打开的，因为他会觉得没有什么好打开的。他会觉得：你要看我里面什么？我里面什么都没有，里面就是黑乎乎的，都是垃圾。这时候，父母可以做的是给予孩子积极关注：不只看到孩子的学习，更看到多样的方方面面；不只看到负面的，更看到正面的。比如，父母可以去注意他的穿搭风格，是不是比较有个性和时尚感；可以去注意他的兴趣爱好，是不是喜欢玩乐高，动手能力强；可以去注意他的反应力，是不是很敏捷；可以去注意他是不是很爱收拾房间、规整玩具……不管是什么方面，去注意它，然后给孩子一个很积极正面的反馈，这样他就开始了被积极关注的全新的体验。

"孩子逆反，但我控制欲强，如何沟通"，也建议区分两种反对。第一种是思辨性的反对,第二种是"一刀切"的反对。思辨性的反对,是父母说的有些事情孩子反对、有些事情孩子认同,反对和认同都经过了思考。这种反对是值得鼓励的。因为不加分辨地全盘接受,既不现实,对孩子又没有好处;如果今天孩子一味照搬,那保不准以后他也不善区分地信从他人。而"一刀切"的反对,则是只要是父母提出的,孩子就拒绝。背后是逆反情绪:因为是父母说的,所以反感。如果孩子存在这种简单粗暴"一刀切"的抵抗,背后一定是有原因的。除了他成长到了要独立、要界限的阶段,是不是因为他觉得父母总在挑刺?如果父母的批评缺少明确的重点、阶段性的目标,只是习惯性的挑剔,那么它与孩子对父母"一刀切"的反对在本质上是一样的,都是不假思辨地从情绪出发。被如此对待的孩子会形成一个观点甚至信念:我爸妈就是到处挑我毛病的,那不理会就好了!换言之,如果父母到处看不惯,孩子也会凡事逆反。但如果父母有张有弛,多数肯定、少数否定,那么孩子会形成"我爸妈对于事物是区别对待、具体分析"的印象,他对于父母所表达的建议才会进行区别对待、具体分析。

因此,希望孩子不"一刀切"地逆反,父母必须调整说话的内容以及方式。方式上,少用"你总是、从来、肯定不会……"之类的绝对性语言。内容上,抓住机会对孩子更多地接纳、鼓励、表扬,让积极正面的反馈多过消极负面的反馈。因为大量积极正面的互动如同给关系提供养料充沛的土壤,在此之上,父母所给出的批评建议才更能被孩子听到和接受,批评教育也才能发生作用。

第三类问题,想对孩子说的话,先设想一下自己或别人听到这些话可能有什么反应。

为什么有此必要?因为如果不这么做,父母与孩子交流很容易效果不理想。有些父母无奈地告诉我,孩子经常说:"每次都说这些,搞得我都不想和你说话了。"的确这话搁谁听了都不舒服,但是我们是否也有想对别人说这句话的时候？别人（比如自己的父母）明明是好意，但是他们说的话就让我们听起来反感。比如，"你不要再熬夜了，少喝酒啊，多锻炼啊，你要照顾好身体，你上有老下有小的，身体是 1，其他的东西都是 0，没有了 1，后面的 0 都没有了"。当我们听到这些话时，是什么反应？是觉得"哇，好温暖啊，这个人好爱我啊"，还是觉得"又来了，知道了知道了，不要再唠叨了"，或是觉得内疚、有压力？

明明我们认同对方说的内容，可为什么我们如此反感对方说的方式，以至于连内容一并扔到脑后？有没有什么办法能不引起抵触？有，但需要将心比心、换位思考。问自己："如果是别人对我这么说（做），我会有什么反应？""如果我对除了孩子以外的人这么说（做），那个人可能有什么反应？"通过这两个换位思考的问题，找找感觉，可能就会发现，自己确实有点"不好"，只是不自知。当然，父母也可以问一下其他家人的看法，从他们角度看，自己对待孩子怎么样。虽然孩子和父母不同，适用于父母的不一定适用于孩子，不适用于父母的不一定不适用于孩子；但是，在将心比心、换位思考的过程中，父母至少能放缓思绪，转化角度，考虑更多的可能性。如此一来，对"要说什么"和"怎么说"会更有意识，对方式方法更慎重，对情绪也更有控制，最重要的是，父母会对"说了但效果不好"更有心理准备。

从"能为孩子做什么"到"能陪孩子玩什么"

一位高一学生的家长，在孩子住校后，担心孩子的日常起居和学习，但因接触越来越少，不知道能为孩子做点什么，很焦虑，"我想为孩子做点什么，但是现在机会变少了，我该为孩子做什么呢"。这位家长非常爱孩子，总想着为孩子做什么。然而其实我们可以换个角度来看，先不要想为孩子"做"什么，而是想想可以和孩子"玩"什么。

虽然只有一字之差,但是这个转变其实是非常深刻的。"我为你做什么"体现的是父母养育孩子的关系,但这不该是父母和孩子之间关系唯一的体现。父母和孩子也可以发生有趣的、难忘的、平等的、互相学习的互动关系。如果能和孩子玩到一起的话,关系一定不会太差。而只有关系足够好,孩子才更愿意去考虑和吸收父母想要孩子去认同的价值观或者方法论。如果把关系比作银行存款,每次批评和指责都是在取钱(消耗关系),所以一旦我们有机会,就应该多存钱(滋养关系),多存一些温情的记忆。

一方面,孩子的爱好是父母的机会。对孩子的爱好,父母可以有兴致地参与。比如一位初中生爱好美食,也喜欢跟着视频学做菜,同样喜爱美食的爸爸就打下手一起做饭,他们尝试了烤蛋糕、卷寿司、煎牛排。又比如,一位五年级的孩子喜欢看动漫,妈妈表示好奇,请孩子推荐几部。在接送孩子往返住宿学校的路上,妈妈请她讲述动漫里的故事情节,以及她对剧情、人物的分析。孩子感到妈妈成了她说书的粉丝了。

另一方面,父母的爱好也可能是自己的机会。对孩子来说,父母更应该是立体的有特点的人。虽然生活繁忙,但自己的爱好值得保留和开发,也值得邀请孩子一起尝试。如果孩子尝试了不喜欢,则不强求。比如,有一位家长喜欢爬山,而儿子喜欢摄影,于是周末带儿子爬山,沿路拍照,儿子可以分享照片和视频。

另外,可以创造有质量的家庭时光,提高家庭凝聚力。比如周末的时候,全家人一起玩场桌游,一起看场电影,一起给爷爷奶奶或外公外婆做顿饭,一起分工合作完成一件事等。这件事可以是孩子一开始没兴趣的,尝试之后也许他就有兴趣了,但不能是孩子排斥的。

要让孩子不排斥与我们共度时光,过程至关重要。过程处理得好,共处是增进关系的机会,过程处理不好,共处则增加冲突的可能。比如,陪孩子开车出门的路上,孩子戴耳机听音乐,有心和孩子拉近距离的爸爸提出:"把音乐放出来吧,我也受受熏陶。"孩子有点不好意思但又有点期待地连接了蓝牙,音乐在整个车里响起。然而音乐风格很暗黑,爸爸没有心理准备,脱口而出:"这什么玩意?"孩子一下脸色很难看,准备关掉音乐。爸爸说:"别别,放着,让我听。"但这时孩子就会觉得爸爸是来审查和挑毛病的。果不其然,过一会儿爸爸说:"我听说这样的音乐会让人想自杀……"话音未落,孩子大喊:"你烦不烦哪!"吵完后,氛围变得尴尬。爸爸觉得自己明明努力去关心儿子感兴趣的事物,怎么事与愿违呢?

这个冲突要如何理解呢?打个比方,如果你想追求一个人,你知道她和她姐姐关系很亲近,那你会不会想着有机会也要对她姐姐好?如果她喜欢某个明星,你会不会当着她的面批评这个明星不好,说她太没品味?答案是显而易见的。面对我们重视的人,对他们看重的人、事和物,我们要慎重地选择我们谈论这人、事、物的态度。没有人喜欢被批评或被否定。如果我们让对方觉得来势汹汹,是来批评或否定他们的,那么沟通的大门瞬时就关闭了,对方立即切换到防御甚至敌对的状态。

父母毕竟对孩子肩负教育职责,在"教育孩子"和"玩到一起"之间,平衡起来不容易。如果当下正在做的此行此举,主要目的是和孩子玩到一起、增进关系,那么,在过程中如果发现了自己反对的地方,父母需要很清醒地意识到如果此时来教育孩子,很可能引发负面反应,就偏离了此行的主要目的,与其不欢而散不如先积累一次开心的共处,要教育孩子的事情另找一个时间再做,互不干扰。

当父母只关注"为孩子做什么",孩子习以为常,不以为然,甚至嫌父母烦,而当父母在"为孩子做什么"之外好好补充"和孩子玩什么",则能营造轻松有趣的氛围,让孩子感到父母没有威胁性,反而觉得父母还蛮有意思的,或者很可爱,这种比较正向活泼的情感反馈可以拉近关系,增强彼此能感受到的爱。

❋ 本章小结

良好的亲子关系对于儿童和青少年预防抑郁症、健康成长、学业发展至关重要。如何与孩子建立足够好的关系呢？需要把注意力从如何"为孩子好"转移到如何"让我们的关系好"。通过充分使用多样化的"爱的语言"，孩子才能感受到父母的爱。通过扪心自问、将心比心，父母才能避免逆反，增加沟通成功的概率。通过和孩子玩到一起、笑到一起，父母才能建立"相看两不厌"的足够好的关系。凭借这足够好的关系，父母各种"为了孩子好"的良苦用心也才能真正逐步得到实现。

❋ 思考与练习

1. 自己的哪些话似乎孩子比较反感？推想一下令人反感的原因，是说的内容有失偏颇，还是说的频率过高，抑或带着情绪？如果有人以这种方式对自己说这些话，我会有什么感受？如果这些问题难以回答，自己可以向谁请教？

   _____
   _____

2. 想一想，有哪三件孩子感兴趣的、可以一起做的活动？一起活动时，多做哪些具体行为，有可能让双方都感到开心并期待有下一次？避免哪些具体行为，有可能让双方都感到开心并期待有下一次？

   _____
   _____

第 7 章

引导稳定而正面的情绪

"我洗澡洗到一半哭了起来,越哭越凶。我不喜欢我自己。我不想第二天起床又要面对我这个人。我受够了不喜欢自己。生活有那么多美好的东西,可是我不去拿。我有想做的事,可是我不去做,我好没用。我好想找回爱生活的勇气。"

——来访者

从"表现出情绪"到"表达出情绪"

在第 3 章中,谈到"双系统模型",大脑的社会情绪系统在 13 ~ 15 岁就达到了顶峰,但是大脑的认知控制系统要到 25 岁才能发展成熟。从 15 岁到 25 岁的十年里,既容易情绪敏感激烈,又因为认知调节不足而容易出现情绪波动起伏、思想片面极端、行为冒险冲动。一方面父母要认识和接受两个系统发展不同步的事实,提醒孩子和自己,认知控制系统没跟上不是孩子的错,不能一蹴而就;但另一方面要踏踏实实地在生活事件中锻炼认知控制系统,不能指望到了 25 岁就自动成熟,大于 25 岁但认知控制系统欠缺的大有人在。如同锻炼肌肉,需要耐心和毅力,练习不会立马看到效果,但是不练一定没有效果。本章就围绕锻炼情绪"肌肉",多角度讨论如何引导稳定而正面的情绪。首先,父母如何减少情绪化表达?其次,如何避免孩子产生自厌心,帮助孩子调节焦虑,并且引导孩子处理不满情绪?最后,如何避免孩子情绪发生不必要的波动?

关于情绪化表达,请允许我先分享一个亲身经历,大部分带孩子的家长应该也有过类似的经历。在我的孩子五岁时,有一段时间照料他的任务落在了我一个人身上。按时上学、按时睡觉,工作之余的一早一晚对我来说最有时间压力。而这个年纪的孩子,活在自己的世界里,时不时地从他的世界里出来找我也只是基于他的兴趣和需要,他会向我提出要求"我要……""妈妈你看……""你来和我做……",同时经常屏蔽掉我说的话。

于是频繁出现了这样的情况:我做到了我答应的事、满足了他的心愿,但是他却不遵守他的承诺、做他应该做的事。这让我感到沮丧。尤其在时间压力下,我感到紧迫、不耐烦,忍着烦躁、努力在"适应他的节奏"和"推进他做该做的事"之间寻找平衡。很快地,烦躁的火越烧越旺,我总忍不住提高音量,有情绪地说话,他感受到了我的愤怒,于是哭喊、抗拒,问题没有解决,反而事态升了级。

出现几次这样的情况后,我意识到需要好好反思了,不能再重复下去!有家人在时,大体而言我是比较有耐心的,是"消防员"。如果我烦躁了,我可以从环境中退出去,由先生暂时接班,我们似乎没有同时对孩子生气的时候,总能打配合。然而当需要一个人带孩子,没有中途离场稍事休息的机会时,就暴露了之前没发现的问题。在累积的压力之下,不满和厌恶非常自然地流露，似乎很熟悉，但是我平时不这么说话，因此又似乎很陌生。

看着自己的表现，既惊讶不解又无可奈何。说的时候也许解气，但之后会非常难过。有一天孩子睡了，我闷声大哭道："做父母太需要自制力了！"我对自己的不耐烦、发脾气、嫌弃、暴躁失望，也害怕伤害孩子、伤害我们之间的关系。那几天，我虽然意识到自己不耐烦、想克服，但是只能忍着不让不耐烦冲出来坏事儿，此外没有特别好的办法。

在反思未果之时，突然发生了一件事。那天晚上，孩子提要求并且我做到了之后，他却不去做睡前如厕。烦躁中的我大吼一声："不干算了！"用力关门离开。孩子冲出来找到我，一路嚷嚷："不不，妈妈，妈妈，妈妈，我们得谈一谈！"我被逗乐了："好啊，我很愿意和你谈！之前我说那么多你好像都没听到，现在你想谈，我很乐意啊。""妈妈，你这样让我很难过，你不能这样。你不能关门就走。""你说得对，我也不想这样。我为什么关门离开？""因为你生气。""对，我为什么生气？""……因为我不肯上厕所睡觉。""如果你上厕所睡觉，妈妈会不会生气？""不会。""对呀，现在到睡觉的时候了，这是你每天都做的，如果你做了妈妈是不会生气的，也就不会关门出去了。""可是你生气也不要关门出去，好吗？""其实我也不想。可是我怎么说你都不听，那你说我怎么办才好呢？""你可以说'我很生气，宝贝，你能做点什么吗'，你要命名情绪！"

这一番话令我如受当头一棒。看着刚满五岁的孩子，边说边踱步、认真严肃的样子，我又惊喜又欣慰又惭愧！惊喜的是孩子的方法正是让我摆脱"走投无路"的钥匙。欣慰的是我曾经教他"命名情绪"，他居然听进去了，还能提醒我。惭愧的是我居然忘了，我教他自己却没做到！"你说得太对了！是的，妈妈应该这么说。谢谢你提醒我！太好了！"我开心地拥抱他。

然而第二天早上，他再次磨蹭时，我说："我很着急，你太慢了！"他忍不住将哭未哭。我赶忙问："怎么了，宝贝？"我看似理直气壮但其实心虚地说："我命名情绪了啊。""不！你应该说'我很着急，你太慢了'。"他的模仿轻声细语，"但是，你是'我！很！着！急！你！太！慢！了！'这样生气地说。你要平静地说！"我暗自赞叹，他把我揭穿，又给我上了一课！"你说得对。好，妈妈应该平静地命名情绪，而不是把情绪放在话里冲出来，对吗？""是的。"那一晚上和早上的对话，对我影响至深。

"命名情绪"对于心理学专业的我，本是一把显而易见的钥匙，但在情境中硬是被忘到了脑后。直到在孩子的"循循善诱"下，我与"命名情绪"重逢，既熟悉，又有了比以往更深刻的体验。以至于此后虽然现实中的挑战依旧，但是我的心境彻底改变了。

在比以往更有理由抓狂的情况下，我不再有压迫感，而是有更宽敞的心理空间，能欣赏事态里面的幽默，能举重若轻。虽然挑战仍然密集，但是我好过了很多。而父母让自己好过，其实很重要。我并不知道这样的心境会持续多久，以后再出现愤怒时，应该又会有新的学习吧。

英文有一个词叫"act out"，很传神，意思是通过行为来发泄情绪、表达自己。比如冷嘲热讽、大吼大叫、给脸色、摔东西等。我在进行家庭治疗工作时，经常看到父母在管教孩子时"act out"，情急之下，不知道怎么办，父母小时候被"收拾"的那一套就地重演，用同样的方式"收拾"孩子。

我理解父母为了孩子好的初衷和行为背后的无奈，但是我会提醒父母，当父母带着情绪管教时，情绪是障碍，把孩子的注意力从你想让他关注的管教上分散转移到你的情绪上了。比如，突然的大吼或拍击，引起的第一反应是惊吓，然后是被威胁、抗议、害怕……很多情绪争先恐后地涌上来，抢占大脑和心灵空间，根本听不到也顾不上你说的内容。

而且,"act out"只是在示范如何不成熟地、不理智地、应激性地反应,而没有示范如何有克制地、有谋地、有效地处理,后者需要父母有策略地用语言把情绪说出来,即命名情绪。

命名情绪的妙处在于,并没有说情绪好或不好,只是客观地、平静地、不带羞辱性地指出来正在发生的是什么。这么做,本身就在把事态降温,把在场的人的目光引向核心问题,聚焦并共同面对。

在我的孩子不听话时,我的不耐烦难以驯服,烦躁喷薄欲出,也深感父母的自我克制好难啊。我曾带着自我挖苦,对自己说:"每次你看着孩子,有那么多爱在心中汩汩流淌,忍不住对他说'我好爱你啊!',可是你生他气的时候才是你最该爱他的时候呀!"

孩子讨喜、父母开心的时候,爱孩子不难。调皮孩子惹人生气的时候才是真正地证明爱的时候。生气可以理解,但是如果能减少伤害,在平静中解决问题,则效果更佳。

命名情绪,看起来简单,其实不然。准确说出心情,首先需要具备充足的表达情绪的词汇量。一般人们表达情绪,非常笼统模糊,只是"还行""不太好""心烦""生气"等。然而表达情绪的词语少说也有五百个,扩大情绪词汇量能帮助我们扩大表达的阈限。

其次需要对身心感受有敏锐的觉察,才能在相关联但有区别的情绪中找到更准确的定位,并且看到混杂的情绪中的各个组成成分。比如,意识到自己与其说是生气,不如说是恼羞成怒,而后者还夹杂着对自己的失望。

最后需要对情绪持有接纳的态度。虽然不是所有的行为都被允许,但是所有的情绪都应当被允许。很多父母从小没有体验过"所有的情绪都被允许",习惯了情感不外露,再加上家长的权威地位,所以难以在孩子面前命名情绪。

当我们有情绪时，即使不"说"出来，也一定会"做"出来，不平静地命名它，就一定会"act out"。这样事后可能会后悔，也达不到最好的教育效果，而且无意中给孩子示范和灌输了这种处理方式。

父母可以先平静地命名自己的情绪，比如："我现在开始感到不耐烦了，因为我叫你起床已经有十分钟了。我担心你会迟到。"

在孩子把情绪"做"出来后，也可以平静地命名孩子的情绪，比如"你很生气""你看上去很委屈"，帮助孩子注意到和识别出内心的情绪。

还可以把情绪和环境、事件相联系，做情景配对，比如："你很难过，是不是奶奶回老家你想她了？""你看上去很委屈，是不是你觉得我批评你批评得不公平？"

帮孩子命名情绪非常重要。英国精神分析学家威尔弗雷德·比昂（Wilfred Bion），在论述养育者和婴幼儿关系以及婴幼儿情绪发展时强调，养育者要做一个"容器"（container），能接收到孩子投射出来的令人不舒服的情绪，经过消化和理解，通过自己的共情，以孩子承受得了的想法再返回给孩子，从而孩子得到有意义的情绪体验，并缓解不舒服情绪的张力。

其实，当父母帮孩子命名情绪，就是在做这样一个"容器"，把当下孩子受不了的情绪，如实地接收过来。因为我们更有代谢情绪的能力。由我们对情绪是什么、为什么、会怎样等进行了解和理解，然后以不威胁到孩子的方式，呈现给孩子，因而孩子得以知道自己感受到的是什么情绪、为什么有这些情绪、任由情绪发泄会怎样、现在父母建议做什么……孩子可以日益提高觉察、识别、命名、调整情绪的能力。他还会明白，他的情绪不可怕。他也能体会到，父母招架得住，他会有一份安全感。

当情绪被觉察、识别、接纳、代谢、理解、表达，并且情绪的表达也被接纳、理解、疏导，那么情绪就不再需要被"控制"。这不只能引导出稳定而正面的情绪，而且能发展出与情绪的稳定而正面的关系。而这是孩子一生都要面对的关系：和自己的情绪相处。

从"不满"到"感恩"

抑郁症的首要症状是心境低落郁闷。而低落郁闷的背后又有什么呢？首先有一个情绪特别值得警觉：不满。陷入抑郁的人，一定心有不满，而对自己和外界的人与事物时常不满的人，也更容易抑郁。父母如果长期不满（不论是对工作婚姻，还是孩子），家庭氛围一定不佳，就给已经在勉强应付各种压力的孩子增加了患抑郁症的风险。可以说，不满如同山火，一旦点燃，迅速蔓延，把事情搞得一团糟，乌烟瘴气。人很容易在不满里深陷和迷失，也令他人深陷和迷失。

每当沉浸在不满中，我们容易忘了，每个人的生活都有很多不尽如人意的地方。那些赫赫有名、大富大贵、顺风顺水之人，即便在生活上和我们普通人过得有天壤之别，但在心境上，烦恼（脆弱、迷茫、窘迫、颓丧、嫉妒、怨恨……）又放过了谁？

而同时，扪心自问，我们对生活就没有满意过吗？在不满意于当下的时候，我们忘了自己曾经历过开心、顺利、幸运，甚至高光时刻。在不满意于当下的时候，我们也忘了自己当下就已经有幸运的地方了。生活从来不只是由一方面、一件事、一条线组成的。家长今天工作顺利，满心欢喜，回到家却被孩子不及格的卷子泼了一盆凉水。抑或，孩子在课间被同学取污辱绰号，一上课却被老师表扬竞赛获奖了。每个人的生活都在有事无事、大事小事、平安不安、满足不足、希望失望之间频繁切换。

而且，在不满意于当下的时候，我们还忘了"其实还可能更糟"。只有在真正的烦恼、打击、灾难发生的时候，我们才恍悟："之前的那算啥!"可惜，"之前的"已经在我们的不满中流逝了。如果我们老去时回首心境，发现大体上不满嫌弃，偶尔幸福感恩，再阶段性经历几次大坎坷、大悲痛、大恐惧。真要这样吗？也许，我们下次可以记得提醒自己：哪怕现在不完美，但"好在没有更糟"。

如果忍过"虽然不好但不至于太糟"的阶段，在下一个拐角，也许就会撞见开心的"确幸"。因为好遭遇与坏遭遇的距离，往往一步而已。这一步，既可能是时间上纵向"一步"，也可能是生活中不同方面上横向"一步"。所谓完美和不幸这两种状态，频繁切换，如一壁之隔，从来是你方唱罢我登场。人生不是一条笔直向上的路，谁都会时起时落。而关键在于，能够在"起"的时候，理智地评判自我和现状；能够在"落"的时候，保持积极面对生活的心态。既然命运难料，又何苦把自己拴进"好"和"不好"的桎梏中？不论好坏，最终都需要积极勇敢地走下去。

以上道理归道理，究竟如何才能减少不必要的不满、稳定情绪呢？有效的方法是练习感恩。科学证明，感恩练习的好处数不胜数，包括改善抑郁，减少嫉妒，减轻慢性疼痛，调整睡眠，加深正向经验的记忆，增强复原力，提升体力精力，提升自信心，增加助人行为，有益提升主观幸福感。

父母可以引导孩子写感恩日记，但最好是以身作则全家都来练习。感恩日记可以每天写，或者一周写几次，以怎么样容易坚持为准。可以在网上找感恩日记的模板，比如：今天发生的3件你感恩的事，1件有困难的事以及你从中获得的感悟，1位让你开心的人和1个美好的瞬间。不必完全照模板来，可以设计属于自己的模板。最关键的要点是：

第一，以类似"我感谢……""……我好幸运啊"这样的语句作为基本句式。内容上，可以发掘容易被忽视的小事（比如家人的问候、需要出门时的好天气、吃到好吃的），和习以为常的幸运（比如身体健康、国家和平、获得了受教育的机会）。

第二，展开来详写，比如，与其说"我感恩身体健康"，不如："我感恩我的身体不但没有疾病疼痛，而且能跑能跳，如果我增加运动，还会变得更有力更灵活呢！"为什么要展开？这就涉及第三点。

第三，写感恩日记时要以真的感到幸运和幸福为准。我们不是为了写而写，而是借由写的过程去体会、重温、加深一系列的美好感受，包括感到喜悦、幸运、自由、活力、福气、安全、自信等。写的时候不慌不赶，花时间去感受，让身心沉浸在感恩所带来的美好与明亮中。哪怕开始的时候感恩的心境很短暂，随着把感恩培养成习惯，我们会变得时常心怀感恩。而心怀感恩的人有更多发自内心的满足和力量，对未来生活抱有更多希望和勇气，也更愿意给他人善意和帮助。

从"焦虑"到"正念"

除了不满，抑郁症的低落郁闷的背后还有什么呢？还有焦虑。焦虑和抑郁是手牵手、互相影响的关系（更多参考第8章）。这里介绍四个方法，既可以用于日常放松，也可以用于焦虑严重时的急救。父母可以亲身实践并且分享给孩子。

第一个是呼吸干预。呼吸干预的具体方法有很多种，下面列举了三种，可以多尝试几种，然后选择适合自己的。"4-7呼吸"：吸气时数到4，呼气数到7。具体的4和7可以更改为最适合自己的比例，只要保证呼气的时间比吸气的长就行。方块呼吸：吸气四下，屏气四下，呼气四下，屏气四下。每次呼吸和屏息的时间长度一样，如同画一个正方形。腹式呼吸：一只手放在胸部，另一只手放在腹部。吸气时，气息经过胸部到达腹部，想象腹部如同气球一般充气，放在腹部的手随腹部的鼓起而抬起，而放在胸部的手基本不动。不去计算吸气的时间，只尽力吸气，吸到无法再吸。呼气时，收紧腹部肌肉，想象气球放气，保持呼气，直到无法呼出更多气体为止。

第二个是五种感官 5-4-3-2-1 练习。把注意力从头脑中的世界，转移到自己身体所处的客观环境中，调动你的五种感官，仔细观察你的周围环境，依次说出 5 个映入眼帘的物体，比如，"我看见一个杯子、一个手机、一扇门、一幅窗帘、一顶吊灯"。4 个身体能触碰到的物体，比如，"我感觉到桌面的平滑冰凉，键盘上的凸凹，臀部和后背在椅子上被挤压，脚趾被袜子裹紧"。3 种耳朵能捕捉到的声音，比如，"我听到有车开过、钟的嘀嗒、屋外有人打电话"。2 种鼻子能区分的气味，比如，"我闻到手上润肤露的椰子香、头发上洗发液的菊花香"。以及 1 种嘴巴能品尝的味觉，比如，"我尝出茶水的味道"。这个练习可以进行约 5 分钟。过程中，不着急，在每种感官中，停留片刻，想多待一会儿就多待一会儿，做更仔细深入的观察，比如，"指尖刚刚碰到桌面时，感到冰凉，但是指尖停在桌面上一动不动，冰凉的感觉逐渐减少，而一挪动指尖，冰凉的感觉立即明显起来"。这样，在不知不觉中，我们的心被带回，"着陆""扎根"到现实世界中。

第三个是回归身心的冥想。第一步，找一个比较舒服的姿势，可以是坐着、靠着、躺着或其他。把注意力从想法引到身体上，注意自己身体的感受，比如哪里紧，哪里麻，哪里胀，哪里疼。当注意到这些不舒服的感受时，去承认它，比如"我注意到我的双肩是往上耸的，很紧张僵硬""我胸口好像有点闷，不舒服""后腰这里很酸痛难受"。第二步，在刚才注意到和承认了的感受的基础上，对这些感受做一个回应。回应可以强调对自己共情，比如对自己说："我知道，这段时间以来，压力很大。

身体跟着超负荷运转。辛苦了！"也可以提醒自己不是孤独受苦，比如对自己说："我不是孤独的，很多人都有这种疼痛。"第三步，动用身体。比如可以把双手放在心口上，感受到双手的温度，双手在温暖着心口；再比如，用双臂环抱住自己，或者摸摸自己的膝盖；或者双手交叉放在肩膀上，把双肩往下压，帮助卸掉肩上的负重感；还可以，站起来伸懒腰一样，走动走动。不管什么样的方式，只要是你希望的、抚慰自己的动作。第四步，静静地问自己：如果有一个人，对我充满了慈爱，此时此刻他会对我说什么？疲惫的我（想哭的我、想大喊的我……）现在需要什么？也许，你心中响起的声音是"原谅自己吧""其实你很努力了""你没有你想的那么差""你累了""你可以休息""你是安全的""你很不容易，你很坚强"……也许，你会落泪。那就静静地落泪吧……

第四个是"正念自我关怀"，有三大基石。首先，正念觉知、静观当下：觉知痛苦的存在，诚实地看到自己的痛苦是什么，不逃避它，也不认同它。其次，看到共通性：意识到痛苦是人们都有的体验，自己正在经历的这些痛苦与不完美不是一个人的问题，不是自己才有的问题，而是每个人的相通的体验。"人生在世十有八九不如意""家家有本难念的经"。最后，善待自己：问自己如果是你关爱的人（比如好朋友）有这样的痛苦，你会如何对待他？然后用对待好朋友的方式来对待自己，安慰、理解，而不是雪上加霜的攻击和责备。

这里需要着重讲述"共通性"这一点。曾有很多来访者会告诉我："我以为这个事情对别人很容易，只有我觉得难，我就会更加烦，更加不想做了。后来我发现其实别人也觉得很难。我顿时就愿意去做这件事了。"可见人的心态是很有意思的。当我们以为自己遇到困难是运气背、小概率事件发生在自己身上了，我们就容易自怨自艾、埋怨命运不公、逃避退缩。而一旦认识到，遇到困难是大概率事件，是正常的、必然的，我们对困难就不会那么抗拒了。虽然还是最好不要有，毕竟谁不希望一帆风顺呢，但是真的遇到了，也要有平常心对待。有了平常心，才能留在赛场上，不撤退，继续该做什么做什么。

通过正念练习，不加评判、温和开放地观察自己的想法和情绪，看到和照顾自己的疲惫，给予自己更多温暖和宽厚，也让温暖和宽厚的相处方式成为对自己和对家人的习惯，这样我们可以经历更多的积极正向的互动，也因积极正向的互动而感到更安心更踏实。

从"催骂"到"教育"

除了不满和焦虑，抑郁症的低落郁闷的背后还有自厌：我不好。家是孩子除了学校以外最主要的生活环境，父母对待孩子的不良言行是引发孩子长期负面情绪（尤其是"我不好"）的一大来源。有两类不良言行，在节奏快压力大的日常生活中，虽然难以杜绝，但如果不加以觉察和克制，则会背离初衷，成为语言暴力。

一是催。很多家长做了早饭催孩子起床，从 6 点催到 6 点半，起床了后，还要催洗脸，催吃饭，催上学。回到家，催做作业，催睡觉。睡醒来，继续催。从小学催到初中，再到高中。谁愿意催呢？可是"我不催行吗？我不催他就不做！"催背后的心态是："我已经着急了，但是你还没着急，我看你不着急我更着急，我究竟怎么才能让你也着急？我也不知道，谁能告诉我，谁能帮帮我？这怎能让人不着急！"催里面，有气无处可撒，也有无助和孤独。

二是骂。包括斥责、吼叫、取笑、贬低、侮辱、威胁、诅咒等。美国精神病学家马丁·泰歇尔（Martin Teicher）发现语言暴力会改变儿童大脑对信息处理的回路和相关脑区的生理结构。使用弥散张量成像技术，他和研究团队观察到在语言暴力下长大的年轻人的大脑具有以下变化：①负责语言理解的韦尼克区（Wernicke area）和前额叶之间的连接被弱化了，语言理解能力差；②左侧颞上回（superior temporal gyrus）的灰质体积过大，语言智商偏低；③负责学习与记忆的海马体（hippocampus）的体积减小；④在大脑两半球间传递信息、调节两半球间相互作用的胼胝体（corpus callosum）体积减小；⑤连接大脑皮层和其他脑区的放射冠（corona radiata）发育异常。而且，"相比于其他形式的虐待，语言虐待有着更持久的后果，因为它往往是连续发生的"。如果父母经常用语言攻击孩子，即使事后做出安抚，也无法消除语言攻击的影响。早年遭受语言暴力的孩子成年后罹患抑郁症、焦虑症等精神疾病的风险更大。

无论是催还是骂，当超出了教育、讲道理、有克制的范围，语言就成了暴力，变成了用于居高临下的、不被克制的、自我合理化的工具。而一旦我们反复作践孩子的尊严，孩子日后可能作践自己的生命。

其实，催和骂，本质都是拿鞭子"抽"。一个是事情没发生之前"抽"，一个是事情发生之后"抽"。做之前，之所以需要"抽"孩子去做，是因为父母觉得孩子有问题，他无法独立靠自己去做。做之后，之所以需要"抽"孩子，也是因为父母觉得他有问题，不仅他做的事不对，而且屡教不改，不"抽"的话他无法独立靠自己去明辨是非、总结教训、做出改变。无论之前之后，都表现出父母的急躁、无助、疲惫和不信任。这些对于父母是非常不好受的！更糟糕的是，催和骂，不仅往往解决不了问题，反而会加重问题。看孩子哪里都是毛病，也容易深化矛盾与隔阂。最终，父母深感进退无门、无计可施。

这里也不是声讨千千万万做出"催"与"骂"言行的父母。从成长环境而言，这些发生在现在的孩子身上的，也可能在几十年前发生在了现在的父母（曾经的孩子）身上。从当前环境而言，经济收入、孩子教育、父母赡养、家庭关系等各方面压力，日复一日笼罩着辛劳的中年人。要避免带给孩子语言暴力、情绪虐待，父母先做好自我关照（见第 4 章），避免压抑、扭曲、耗竭，至关重要。

在理解催与骂的冲动和照顾背后深层原因的基础上，我想呼吁，父母要小心、小心再小心各种"催"与"骂"的行为。如果，学习是为了父母学，考试是为了父母考，选择是为了父母，面子是为了父母，当一切一切都是为了父母，一切一切都是"爸妈让不让"和"爸妈会怎样"，那么，家长催得累、骂得累，孩子也被催得皮、被骂得犟，如同一个死结，越拉越紧。尤其，一旦尊严的底线被捅破，生命的底线也危如朝露、命若悬丝。催和骂本来就不是目的。作为手段，适当的时候，一定程度上可以用。重点来了：目的是什么？目的是泄愤，还是为了扭转？是为了羞辱孩子，还是为了教育孩子？是因为过去而惩罚，还是因为未来而指导？

假设一个情景一，辛苦工作了一整天回到家，腰酸背痛，但还要准备晚饭的你，看到孩子在家玩球时，把桌上的水杯打翻，水洒了一地。这时候你很生气，噌一下冒火，就骂孩子，"怎么这么不小心啊！我跟你说过你要……"，孩子吓一跳，退缩，眼圈红红的。

再看另一个类似的情景二，辛苦工作了一整天回到家，浑身酸痛，但还要准备晚饭的你，看到孩子把桌上的水杯打翻，水洒了一地。怒火一下子就蹿了上来，但你深吸了一口气，尝试平静下来，说："我知道这是一个意外，你不是有意的，但是水洒了，你要处理这个结果，去把毛巾拿过来，把这里擦干净。"孩子跑去拿毛巾，开始擦地。边看着孩子擦，你边说："谢谢你能够为这个行为负责。"等擦完了，你让孩子坐下谈一谈："幸好水杯是塑料的，如果是玻璃的，那就不只是水洒了一地，还可能会玻璃碎了一地。那你就得收拾玻璃碎片和碎渣。是不是很麻烦？""是的。""把东西打翻是我们不希望看到的。以后怎么样能避免它发生呢？""不要在家里玩球了。""那你想玩球怎么办？""拿到楼下院子里玩。"

同一个情景，家长不同的管教方式，会产生不同的影响，不仅在当下带来全然不同的事态走向，而且长远上也有全然不同的教育效果。什么才是有效管教呢？简·尼尔森（Jane Nelsen）在《正面管教》（*Positive Discipline*）一书中阐述了惩罚给孩子带来的长期后果有四个方面：愤恨（Resentment），"这不公平""我没法信任大人"；报复（Revenge），"这次他们赢了，但是我会扳回来的"；反叛（Rebellion），"我偏要反着来"；退缩（Retreat），"我不行，我不好"。因此，她主张停止惩罚，给孩子机会承担责任。

实现有效管教的关键在于，管教的目的是什么。是为了父母，还是为了孩子？是为了过去，还是为了未来？具体而言，在做出管教行为之前，父母需要问自己："这么做，是被我的情绪所推动，还是想教给他什么？如果是为了教他，那么教的是什么？重点是要孩子为他过去所发生的行为付出代价，还是教他学习如何更好地为未来做准备？"带着这样思考问题的方式，能帮助父母减少没有经过周全思考的、给孩子带来伤害的、令父母事后后悔的一些行为。

回到前面提到的情景，情景一是发泄情绪地训斥孩子，用训斥来惩罚他，而情景二中则是示范给孩子如何看待事情，教孩子承认和承担后果，引导他收拾局面、处理问题，由此，孩子能减少内疚，收获将功补过的胜任感，也为未来发展出"勇于踏实地承担后果"的心态做了铺垫。

有时在管教中，即使父母做到了不惩罚，也可能会被孩子误会为惩罚。"明明我是在帮助他，却被孩子理解成针对他。"父母善意的话，却被孩子理解为负面的。他不觉得你是在帮他，反而觉得你是在指责、挑剔、讽刺他。面对这样的情况，很多父母不由自主地会有一种什么样的心境呢？会觉得："凭什么和自己孩子说话，还要小心翼翼的，说一句话还不行了？家里人不能够直话直说，随便一点吗？"这种委屈是可以理解的，毕竟自己的一番好意都被曲解了，不仅有委屈，更有看着孩子不接纳好建议时的着急，不禁令人头痛。

这种情况下，父母只能够一方面去承认自己的情绪是有道理的，但另外一方面也要接受孩子是很敏感的。在父母看来，孩子是过于敏感的。之所以说是过于敏感，因为他没抓住重点，或者抓不住重点。父母的重点不是"我要指责你"，而是"我想帮你进步"；重点不是"我说你这里做得不好"，而是"我想帮你做得更好"。可是孩子却只把注意力放在了被指责上，而不是被帮助上。不论父母多不喜欢孩子的现状，也只能从现状着手。能真正地小心起来，是心甘情愿的小心，而不是之前那种委屈地小心。

当孩子把父母的帮助当成指责时，其实他是在给父母一个信号——虽然父母说的话是善意的，但他感受到了压力，而且超出他所能承受的范围。一旦孩子发出了压力过多的信号，父母得先接受。如果不接受，反而容易起反作用。当然，父母都希望孩子的承受力能够提高，但是在孩子承受力还没有那么高之前，只能先接受他现在所处的阶段。好比，尽管父母希望孩子能够游泳过河，可是如果孩子出于各种原因僵持在河岸不动的话，父母只能接受他还在这一岸的事实，即使父母已经径自游到河里甚至游到对岸了，也只能折返，回到他所在的位置，和他一起，重新出发，陪他往前走。这样才能避免孩子情绪上扛不住，把不是惩罚的误会成了惩罚。

从"评判好坏"到"反映事实"

前面谈到的不满、焦虑、自厌是抑郁症的主要负面情绪。除了负面情绪以外，情绪不稳定也是抑郁症的常见表现。事实上，40%～60%患有抑郁症、焦虑症、创伤后应激障碍、强迫症的人群存在情绪不稳定。导致情绪不稳定的因素众多。这里我想强调一个容易被忽略的因素：评判。

生活中各种事物，都容易触发情绪，甚至需要我们判断和评价。而评判是非、对错、好坏、优劣的过程中，评判者和被评判者的心情会随之波动。比如，妻子评判丈夫懒惰的那一刻，妻子和丈夫都心烦；父母评判孩子优秀的那一刻，父母和孩子都自豪。不仅如此，并非所有所谓正面的评判都会带来正面的情绪。事实上，我在工作中发现，父母经常面临评判的两难境地。比如，成绩出来后，如果批评孩子，他心里会受伤；如果说考得不错，他会说你小瞧他。父母说好不是说坏也不是，到底要怎么样才行？

如果评判带来的情绪波动，有悖于引导稳定而正面的情绪的目标，甚至好评和差评效果都不佳，那么，父母不妨试试第三条路——不评价。批评和夸奖孩子考得好，其实都是在评价孩子的考试结果。如果去评价结果，父母是把自己放在了评委的高度上，有那么一点点高高在上。好像孩子是考生、是选手、是员工，父母是考官、是评委、是老板，孩子在汇报工作，父母有评价的大权。这样的关系是不对等的。当然，并不是说家长和孩子之间不能有不对等的关系，家长和孩子本来就是不对等的，这是不争的事实。然而，在这个问题当中，不对等的关系效果不好，所以要避免。

不如换一个角度来看，用更平等的关系来处理问题。首先，孩子在学校已经有老师的评价，因此在家里继续这种不对等的关系，完全没有必要。其次，不对等的关系会令孩子不舒服。尤其对于青春期逐渐独立自主的孩子来说，他是希望打破权威、打破不平等、争取话语权的。这个时候，如果父母以一种高高在上的姿态出现，哪怕是夸奖，他也会觉得是高高在上地评价他。最后，不对等的关系还不利于长远的教育。毕竟长远来说，父母希望孩子对自己有一个比较客观的、积极的、有韧性的自我要求，而不是活在别人的评语之下。

所以，父母应该尽早开始培养孩子做自我评价。比如，与其评价这次考得是好还是不好，不如问孩子，"这次考试哪里你比较满意""哪里你还不太满意""哪里你觉得比较容易""哪里你觉得比较难""你在哪里下了功夫""哪里你觉得是你的优势"等这些问题。

然后，父母也可以像镜子一样地反映出孩子的努力。可以告诉他，"我注意到你这次考试之前都提前半小时早起，为了温习功课""我注意到你有好的改变"，把看到的孩子的努力反馈给他听。也就是说，父母可以做的，是不去评价结果，而给孩子空间和思路去进行自我评价，发现孩子的努力，并让孩子感受到父母肯定他的努力。

✻ 本章小结

本章围绕抑郁症核心表现——情绪展开。首先，通过实践"平静地命名情绪"来减少情绪化表达，以及由此带来的伤害。然后，针对三种常见负面情绪，分别用培养感恩的习惯来应对不满，用练习正念来调节焦虑，用克制情绪、面向未来、重在学习的教育来避免自厌。最后，建议以反映代替评判，来避免孩子情绪发生不必要的波动。

✻ 思考与练习

1. 在情绪波动的时候，先深呼吸，提醒自己"试试命名情绪"，对孩子平静地说出你的心情。把一次成功的经历写下来。

2. 想想有什么令你感恩的人和事,写在下面。并和自己约定,从＿＿＿（时间）开始练习写感恩日记＿＿＿周。

第 8 章

培养积极而务实的认知

> "我考不上大学,这辈子就完了。我做什么都没法享受过程,过程一定是为了什么,一定得有回报。"
>
> ——来访者

从"孩子的焦虑"到"父母的完美主义"

有效防治抑郁,不能只关注抑郁,还得留意焦虑。抑郁和焦虑具有部分共同的遗传病原学(genetic aetiology)。不论是达到临床诊断程度的抑郁症、焦虑症,还是亚临床程度的抑郁症状、焦虑症状,在儿童和青少年中发生的频率都比较高。而且往往是焦虑症状或焦虑症先于抑郁症状或抑郁症出现。流行病学研究还显示,儿童焦虑症的发病率高于青少年,而青少年抑郁症的发病率高于儿童。

我在临床工作中也一再目睹抑郁和焦虑手牵手,而把它们牵在一起的是期待。期待越高,越容易频繁地陷入不满从而抑郁,也越难以包容期待实现的不确定性从而焦虑。期待高到一定程度，或者高期待泛化、抽象到一定程度，就变成了完美主义，即期望自己或者他人的行为或表现一直保持最高标准，无视现实的制约。比如有一位抑郁症来访者，在考前极度焦虑："我预感到我会考不好！我考不好怎么办？"她身边的人怎么努力安慰她也没用。后来发现，原来"考不好"指的是"不是第一名"。只要"不是最好"就是"不好"。这种用自己的标准来评判和要求人和事物、满分以外的都是零分、完满以外都是不满的习惯，就是完美主义的一种表现。

在当今"鸡娃"文化下，完美主义相当普遍。它既有一定推动作用，也容易使人处在永远无法实现目标的痛苦中。有研究显示完美主义影响着25%～30%的儿童和青少年，和抑郁症、焦虑症、强迫症、拖延症、进食障碍等密切相关。完美主义对儿童和青少年的影响包括：自我价值以完美表现为条件，表现低于期望时会自卑、有羞耻感、全面否定自己，因为担心做不好拖着不开始，或因为不满意作品拖着不交，追求目标的过程中内心脆弱、缺少安全感，失误犯错时苛责，害怕失误犯错让人瞧不起或不喜欢，为了回避失误犯错会回避学习、竞争、机遇，从而耽误了学习和成长，也就更加难以实现目标，长期焦虑影响健康。

知道了完美主义的危害，父母可以做什么呢？固然父母可以告诉孩子去识别和控制自己的完美主义倾向，但是以身作则永远都是既利人又利己的教育王道。不妨觉察和反思：自己是不是完美主义者，以及自己对孩子有没有完美主义倾向。

如果父母不能识别和控制自己的完美主义，即使孩子开始克服完美主义，父母不但不能对孩子"去完美主义"的努力由衷欣赏，反而会埋怨孩子不思进取，并且继续习惯性地求全责备。这时，孩子会陷入一种撕扯：要么退回到完美主义，要么为了保护自己的心理健康而疏远父母。只有当父母真正深刻地检视对自己、孩子、家人的各种不实际的标准和不健康的期待时，才能有智慧地"放过"自己和他人，不给已经不易的生活增加痛苦。

如果父母本身有完美主义倾向，就应该提醒自己去感同身受地理解孩子对"做不到、做不好、被批评、被拒绝"的害怕，以及因为害怕而做出的逃避。尤其，如果父母对孩子存在完美主义期待，那么潜移默化，必定会加重孩子的焦虑和抑郁。如同在第3章中分析的，很多父母说没给孩子压力，但是实际上只是没意识到给了孩子压力。同样地，父母可能对孩子有完美主义心态，却没意识到。当父母对孩子有高标准时，父母再怎么说"不要怕，做不好没关系，犯错没关系"都会略显苍白。因为孩子一定会害怕做得不好时，父母不小心流露出的失望的眼神。孩子也会害怕面对"我又让人失望了"那份自责。

如果父母自己有完美主义倾向，可以和孩子一起克服。方法包括分享、研讨、实际操作。父母可以开诚布公地分享完美主义对自己的影响：它是一把双刃剑，可以推动人日臻完善，也可以令人难以喘息。父母可以和孩子讲述从错误中得到成长的故事，以及回忆"当时认为是失败，但事后发现有收获，甚至比立马成功还要好"的例子。父母还可以分享脱离完美主义束缚的过程。比如，年轻时有社交焦虑，后来忍着焦虑假装镇定，慢慢地焦虑慢慢减轻。这种人生故事的分享，让父母在孩子眼里更立体、更真实、更可爱，既让孩子有所借鉴，又可以拉近与孩子的距离。

除了分享经历感悟，还可以把"完美主义"当作一个小课题，让孩子饶有兴趣地调研一下。比如，对于追求完美外形的孩子，可以去思考以下问题："那些在社交媒体上看起来很完美，也有很多关注的人为什么要修图呢？""我所追求的完美形象真的存在吗？""图片真的代表了真相吗？""别人晒幸福时我是不是把他的幸福放大了？"并且引导孩子从"我不开心是因为我不够瘦，瘦了我就不会不开心了"转而意识到"虽然我仍然想瘦，但是生活在瘦之外还有很多内容，影响我是否开心"。如此这般小课题的研讨，既能帮助孩子培养批判性思维，也给父母和孩子交流心得的机会。

除了分享与研讨，一起练习在生活中调节完美主义带来的焦虑，也非常有帮助。第一，父母以身作则练习缓解焦虑的方法（参考第 4 章），最能带动孩子以健康而多样的方式调节焦虑、安顿身心。第二，当父母犯错时，可以此为机会，做出坦荡面对、勇敢承担的表率，积极承认过错，总结经验教训，鼓励自己下次努力。遇到挑战时，也可以此为机会，在晚餐、散步、接送孩子的时候，适当提及自己遇到什么压力，如何在复杂而不确定的情况下调整心态、积极应对。第三，鼓励孩子设定合理的目标，不宜过低也不宜过高。目标过低没有挑战，也就得不到战胜挑战才会有的胜利的快感；而目标过高，超出当前能力，再求成心切也会碰壁，快速挫败后更容易放弃，甚至留下"我不行的，努力没用"的心理暗示。第四，在时间管理上，有时分秒必争，有时留出发呆的时间，张弛有度。第五，提醒孩子区分哪些是可以积极施加影响的（比如自己的努力），哪些是不能控制的（比如同伴的水平、老师的教学、考试的难度等）。因为影响结果的变数太多，父母应当帮助孩子把关注点从结果（比如提高名次）上挪开，挪到一个自己可以用得上力的行为上，好好地计划自己的行为（比如每天在最薄弱科目上多复习笔记半个小时）。相关联地，父母称赞孩子时也称赞努力而非结果（参考第 4 章）。最后，当发现孩子没达到期待、生自己气时，引导孩子思考："如果你的好朋友努力却没做好，你会怎么做？是责怪他让他更难过，还是安慰鼓励和陪伴他？"帮助孩子做自己的朋友而不是敌人。

不论是人生故事的分享、课题的研讨，还是一起实际操作，都比讲道理更有感染力和说服力。父母减少自己的完美主义，才能帮助孩子减少焦虑，从卡在一时一地、如临大敌的紧张中跳出来，用更宽广的眼界看到自己、他人和世界，以变化发展的眼光看到过去、现在和未来。

从"过度的压力"到"有保护的压力"

在内卷的现实之下,孩子、家长和老师的压力日益加重。当压力过重,又没有应对压力的心理策略和社会资源时,消极思维便容易如杂草般旺盛,腐蚀内心,导致许多人抑郁症的发作、恶化或僵滞。只有有保护的压力,才更有可能化为动力。

什么是有保护的压力呢?早在1908年,心理学家耶克斯(Yerkes)和多德森(Dodson)提出了著名的耶克斯多德森定律。在一定的工作难度之下,人内心想要做好工作的动机,会给自己带来一定的心理压力。比如说工作难度越大,内心的动机又越强的话,那么心理压力肯定会越大。耶克斯和多德森发现心理压力适中的时候,工作绩效最佳。心理压力过小的时候,缺乏积极性,导致工作绩效下降;当心理压力过大时,过度的紧张焦虑会干扰记忆和思维,同样导致工作绩效下降。所以心理压力和工作表现之间不是一个线性的关系,而是一条倒"U"形的曲线。在这个定律的基础上,才有了后来教育学家提出的舒适区、拉伸区、恐慌区的概念。

在舒适区里个体毫无压力,驾轻就熟、得心应手,但是也可能感到无聊厌倦。在恐慌区个体则压力"爆表",慌张失措、无所适从,不堪重负,濒临崩溃。而重要的是在舒适区和恐慌区之间,还有一个拉伸区(学习区)。来到这个区域,我们会觉得不那么熟悉,有一定挑战,但是又不至于感到被压垮。反而会让我们产生学习、进步的动力和兴奋感。这就是有保护的压力。在这种感觉的推动下,我们不断学习进步,舒适区就被扩大了,适应力也随着提高了。

有保护的压力有三个要素:第一,父母鼓励孩子走出舒适区;第二,孩子自己也需要做好准备,自发地接受舒适区外的挑战;第三,进入拉伸区(学习区)之后,孩子感受到的压力要适当高于舒适区的压力,但是低于恐慌区的压力，让他能够感受到战胜困难的快感。在这里值得强调的是，孩子需要有想学习、想拉伸的意愿，才可能最后收获那种兴奋感。如果自己还没准备好，被人硬推出舒适区，则很容易直接进入恐慌区。在恐慌区里的孩子通常会经历一个比较痛苦的调整过程，之后有些孩子能调整好，走出来；有些孩子可能就陷入抑郁症，一蹶不振，也就更加害怕走出舒适区了。

比如，一个孩子小学成绩很好，在两家重点中学之间选择时，父母做决定选择了名气更大的那个，因为明明能去"更好的"，不去太可惜。然而没想到，孩子在一开学的摸底考试就受到挫折，加上不适应住校生活，心情越来越糟糕，学习越来越吃力，成绩也越来越低，一次数学考试没及格后，彻底厌学了。

我在和这个孩子的工作中发现，虽然父母鼓励他，但这所学校带给他的始终是焦虑大于兴奋，一直害怕自己不适应学校的教学方式。如果时光可以倒流、条件允许，在开学前的暑假期间，其实可以鼓励孩子充分表达对新学校的顾虑，让孩子向该校学长了解情况，为生活自理做一些过渡，甚至还可以接受一个短期的心理咨询，讨论一下万一不适应新学校的教学方式要如何自我调节。如果可以，心理咨询最好延续到第一个学期，因为第一个学期是适应变化的关键阶段，最需要专业支持、心理建设。心理咨询师能及早了解到孩子的适应不良，并及时和父母沟通，帮助父母更早了解孩子的困境，并且帮助孩子分析、尝试、找到改善困境的方法。

舒适区、学习区、恐慌区是相对的概念，而非绝对的划分。每一次走出舒适区，就意味着旧的恐慌区中的一部分变成了新的学习区；每一次对学习区的适应，就把这个学习区变成了新的舒适区；每一次舒适区的扩大，都给人增添自信；每一次学习区的跨越，都见证了适应力的提高。如果孩子表现出退缩、逃避、气馁，要反思是否用力过猛，不小心把孩子推进了恐慌区。为了培养积极而务实的认知，得避免恐慌区的不必要的伤害，确保孩子处在学习区里（即处于有保护的压力环境中），进而帮助孩子实践本章接下来的内容，包括觉察认知扭曲和练习积极思维。

从"扭曲认知"到"正向思维"

抑郁症的进化理论认为，抑郁症是对无法克服的逆境的适应。无法克服，有时是现实层面的无法克服，但有时是意识层面的无法克服。后者是对现实不准确的感知，与现实脱节的想法，称为认知扭曲。我们每个人都有认知扭曲，最常见的认知扭曲包括：

非黑即白（all-or-nothing thinking），指的是从一个极端跳转到另一个极端，没有中间地带。比如，"如果某人不喜欢我，那他就是讨厌我"，而没有意识到可能他对我既不喜欢也不讨厌，而是不在意、没感觉。事实上，这个世界里，虽然有少数喜欢我们和少数讨厌我们的人，但更多的是不认识和不在意我们的人。

以偏概全（overgeneralization），指的是基于部分负面信息就对整体做出负面定性。比如，语文能力包括听、说、读、写等多方面，但因为写作不理想，就笼统地定义自己"语文不好"。

心理过滤（mental filter），指的是即使一个事件在大体上是正面积极的，但个体还是更多地将注意力集中在这个事件中占比小的负面细节上。比如你和孩子参加聚会，很多人对你和你孩子的态度和印象都很好，你很开心，但是后来遇到一个家长，表现欲很强，总想做到高人一等，你顿时觉得很挫败，于是毁了你整个晚上的心情。你忘了除此之外这个聚会都是令你开心的。

正面打折（discounting the positive），和心理过滤相似，区别在于心理过滤强调的是把正面事物过滤掉了、只关注负面事物，而正面打折指的是忽视、贬低正面事物的价值。比如有人夸你，你觉得他只是客气，或者他还不了解你的缺点。再比如，某件事情在没做成之前，你觉得那些做成了的人非常厉害，但当自己做到后，觉得不过如此，没什么大不了的。

妄下结论（jumping to conclusions），指在没有充分证据的前提下对事件下负面的结论，并且随后的言行被此结论影响。妄下结论分两类：一个是读心术（mind-reading），比如走在路上遇到认识的人，没和你打招呼，你想"他瞧不起我"。一个是预测命运（fortune-telling），比如本想和孩子沟通，但因为觉得讲了孩子也不会听，所以就没讲。妄下结论会造成焦虑或者恐惧，反而阻碍好结果的发生。

灾难化思维，它和妄下结论关系密切，不只妄下结论，而且是下了最差的结论，把事情往最糟糕的方向想。比如，"如果我一紧张脸红，所有人都会知道我不行，都会取笑我"。

放大和缩小，指的是放大缺点、问题、错误的严重性，缩小优点、进步、成就的重要性。比如一个孩子诚实而腼腆，父母觉得诚实——那不是应该的吗？而腼腆——怎么在社会上生存？"

情绪化推理（emotional reasoning），指的是当有负面情绪时，坚信自己的负面情绪真实客观地反映了事实，所以只要感觉不好那说明现实肯定不好。比如，"我怕考不好……我肯定会考不好"。

应该句式（should statement），习惯于要求人和事物"应该"或"不应该"是什么样子。除了"应该"之外，"必须""有义务""不许"也属于这一范畴。比如，"我应该保持在班里的排名""孩子不应该和父母顶嘴""你长大了有义务结婚生子""我工作这么辛苦，她应该理解我"。当

"应该"是指向他人时,我们往往会感到愤怒沮丧。而当"应该"指向自己时,除了愤怒沮丧之外,还容易激起逆反情绪和偏要做相反事情的行为冲动。比如,在"我必须瘦下来,我不应该吃蛋糕"的高压下,反而容易报复性进食,并且产生违规的快感。

乱贴标签(labeling),与非黑即白、以偏概全相关,给自己或他人贴上简化的负面标签。比如,得了抑郁症,给自己贴上"我不是正常人,我有病"的标签,而没有意识到"我现在有抑郁症,但是抑郁症并不能定义或涵盖我的全部,在某些方面我很健康甚至有过人之处"。

自罪自责(personalization and blaming),是指对一个问题或错误在自己的责任范围之外承担更多责任、产生更多自责。比如孩子得了躁郁症,有遗传的因素,但你却坚信这完全是你的教育方式导致的、是你的过错。

控制谬误(control fallacies),有两种围绕控制的谬误,一个是内部控制谬误,觉得自己必须要为生活中的所有人和事负责,身边人的心情直接和间接地都跟你有关、由你造成,容易不安地猜测:"他为什么不开心,是因为我做了什么吗?"另一个是外部控制谬误,即认为自己对生活里发生的事情完全没有掌控权,强调他人和外界对自己生活的影响,容易埋怨外界,比如没考好是因为"卷子出得太难了,昨天晚上室友打呼噜,我没睡好"。

公平谬误(fallacy of fairncss),指的是相信自己知道什么是公平、什么是不公平,处处用自己的公平标准来衡量和要求人和事,当别人对公平有不同看法时会懊恼。比如先生认为,自己在外忙工作回家,太太没好脸色,是不公平;而太太认为,先生成天不着家,不陪自己和孩子,很不公平。双方都觉得自己是不公平局面的受害者,都没有换位思考,看到全局。

改变谬误（fallacy of change），指的是期待他人做出改变以适应我们，认为只要我们施加足够的压力，对方就会改变，而且只要别人改变了，我们就会幸福。

永远正确（always being right），起源于希望永远正确的愿望，但愿望强烈到凌驾于证据和他人感受之上，形成了坚信自己的观点代表真理的信念，并用自己的观点当尺子衡量人和事物。

以上是常见的 15 种认知扭曲。虽然父母可以告诉孩子这些认知扭曲的种类，以及教他们去识别自己的认知扭曲，但是，我觉得更有效果的做法，也是我最想建议的做法，如同本章提到的父母和孩子一起克服。和孩子分享自己常常出现的认知扭曲有哪几种，然后启发孩子觉察他常常出现的认知扭曲是哪几种。既以身作则，又激发了孩子探索自我的兴趣。既去掉了"认知扭曲不好、不应该"的评判，当作学术课题来客观地观察，又能实际地减少认知扭曲的负面影响。

练习多了，父母和孩子能一起越来越快地识别自己的认知扭曲，甚至在发生认知扭曲的当下意识到，也就越能及时地用更正向、更有助于改善问题的思维取代扭曲的、伤害自我的认知。

如何练习用更正向并有助于改善问题的思维方式取代认知扭曲呢？首先意识到头脑里正在发生的念头是"如果他不喜欢我，那他就是讨厌我"。然后识别出它是一个"非黑即白"的认知扭曲，马上提醒自己"不喜欢不代表讨厌，而且我并不知道他究竟怎么想。可能他讨厌我，但也可能不喜欢但并不讨厌，对我没感觉没有印象"。类似地，首先意识到此刻让我焦虑的念头是"我肯定不行"，识别出这是一个"预测未来"的认知扭曲，告诉自己"还没有发生，谁也不知道呢。如果对我很重要，那我还是试试吧。毕竟，外界没拒绝我之前，我为什么要先拒绝了自己呢？如果对我不重要，那我也可以试试，反正做不成也不重要"。最后一个例子，首先意识到"如果我一紧张脸红,所有人都知道我不行,都会取笑我"是一种"灾难性思维",把糟糕的后果无限放大。这时,可以取而代之地想:"我觉得脸红了,但别人未必看得出来。就算看得出了,我接下来的话可以转移他们的注意力,过一会儿他们就忘了我脸红的事了。就算我脸一直红,这也很常见。我不过是一个普通的上台会紧张的正常人。"这些只是几个小例子,具体怎么做,每个人需要找到适合自己的语言和风格。重点是,在觉察到认知扭曲后,用新思路取代旧观念。如果转念后感到舒畅、通达一些,就说明有作用。

从"消极独白"到"积极对话"

要帮助孩子预防抑郁症,父母还可以和孩子一同学习将"消极独白"转变为"积极对话"。如行为神经学家杰伊·舒尔金(Jay Schulkin)博士所言,大多数生理系统是不断变化和适应变化的。神经科学家彼得·斯特林(Peter Sterling)和生物学家约瑟夫·耶尔(Joseph Eyer)提出了"应变稳态"(allostasis)这一概念,意思是"通过变化实现稳定"。提出者认为,面对不断变化的现实,人类的身体和大脑不是简单地遇到刺激后被动反应、努力保持一种稳定的内部平衡状态,而是会不断地试图预测现实,并主动调整自己的生理和行为来适应它。如斯特林所说,"让身体运转的最有效方式是,让大脑提前知道需要什么"。因此,身体和大脑一直在积极地根据经验做出预判和准备性的调整,处于动中求稳的动态平衡。

然而这种"提前性预判",对于长期生活在压力中、有抑郁症或亚临床症状的人,容易出现"指针失灵"和"机械故障"的现象,体现为心中的消极独白,充满认知扭曲,自动播放并停不下来。这些负面的声音,虽然在某种程度上可以引起警惕、给人鞭策,但更多时候是一种巨大的精神消耗，让人不自主地相信生活比实际情况差很多。本来，让大脑提前知道需要什么是为了更好地适应，但是一个有益的机制，出了故障，就变得有害了。对于抑郁的人，陷入僵化、停滞，甚至刚愎自用的状态，即使环境发生改变，也难以觉察变化、了解新情况、修正旧预判、积累新经验。人处于当下，心却活在过去，脑海中重演过去的经历，激起熟悉的而非适合当下的情感反应，以自动的而非务实有益的认知模式，以习惯的而非契合当下需要的行为应对。结果，只是在准备应对过去，根本没有在准备应对当下，适应也就无从谈起。正如预测处理（predictive processing）理论代表人计算机神经科学家及精神病学家克拉斯·斯蒂芬（Klaas Stephan）指出，导致体内平衡失调的长期心理压力会使自我效能感降低，而自我效能感低下会带给人负面预期，于是更容易发生逃避性和自我破坏性行为，结果是更加完不成任务、达不到目标，而这结果又证实和强化了负面预期，进一步打击自我效能感，形成自我维持的恶性循环。在自我维持的恶性循环下，即使当下没有直接威胁，也容易处于受伤状态。比如学业紧张的学生，在假期中，尽管没有考试，仍然有情绪低落、焦虑、失眠、肠胃不适等身心症状。

要打破这个自我维持的恶性循环，就需要对习惯性负面预判做出干预，变消极独白为积极对话。进行积极自我对话，并不是每天自我催眠"我最棒，我的生活很完美"，而是敏感地觉察到自己脑海中的负面声音，并且有智慧地化解。比如，一个人意识到自己在发牢骚，"要做的这么多，怎么做都做不完，何况我今天还有很多其他的任务要完成，真烦！我已经很累了，特别不想做。要是谁能帮我做就好了，可是又没人能帮我"，当脑海中的这个磁带在播放时，怎么办呢？我们可以意识到自己正陷在情绪旋涡当中，然后问自己："现在有人可以帮我吗？如果现在必须要自己硬着头皮把这些做完的话，那我要不要停下来，深吸几口气，调整一下心态之后，再接着做？反正都是要做的，现在烦躁的心情对我一点好处都没有。同样是做,与其烦躁地做,不如停顿一下,调心态,再接纳地做。"

如果从消极独白转到积极对话有困难,怎么办?其实很多人都有过这样的体验:面对大海,感觉"自己好渺小,烦恼一下子就淡了,好像被海风给卷走了",有一种空旷感。这种空不是空虚的、伤感的空,而是安静的空,烦恼少了、心事少了的空。在大海面前我们体验到的是通过降低自我意识而减少烦恼,而自我意识的降低来源于视角的改变,或者称为"比例尺"的改变。当我们只看到眼前的自己的小日子,容易把自己看得很重,不仅把面子看得很重,还把现在看得很重,这时现在的烦恼也会变得特别庞大。与之相反,当我们放大比例,在宇宙中,我比尘埃还微小无数倍,世界不止有一个我还有芸芸众生,前有古人后有来者,延绵不绝,"存在"变得无限广袤,"生命"变得包罗万象,我们不再陷于"我的世界似乎就是全世界,未来跟现在区别不大"的错觉中。

这时就容易有空间发生积极对话了。具体而言,第一步,"我所想的是真的吗?我能百分百确定它是真的吗?"在信以为真之前,先提出反问,挑战习惯性负面预判。如果能发现想法站不住脚,当然好,但哪怕只意识到"它不一定是真的,我没办法确定,我没办法证明",也很好,因为这样能松动习惯性负面预判的捆绑。第二步:"我这么想对现实情况有帮助吗?如果没有帮助,那什么有帮助?用什么角度想问题会有帮助?做什么会有帮助?"这些问题能进一步揭开被习惯性负面预判蒙住的眼睛,发现和关注"有益、实用、能改善问题的"思维和行动。比如,"生活也不只期末考试,还有很多不同的年龄阶段,还有未来""没有任何人像我这样关注我的一言一行,我觉得窘迫,别人早忘了,说不定他们还在担心他们窘迫的事呢"……第三步,鼓励自己尝试去做"有益、实用、能改善问题的"事。如果心里对自己做这类事出现"没用的,我做不到"的习惯性负面预判,那么再针对这一点重复第一步和第二步。

找到和自己交流的恰当方式，进行积极的自我对话，不陷入消极独白的沼泽，是一件受益终生的事。帮助孩子把视域拓宽，把时间轴拉长，不纠结在一事一物之上，孩子会变得更灵活、更通达。在练习以上方法时，允许自己一时做不到或者做不好，只要努力尝试，做不到或做不好不过是必经阶段而已。重点是灵活起来、调皮起来、生动起来，只要能扰动、松动消极独白，就是成功，日积月累最终一定能打破消极独白的习惯。

从"要求表现好"到"争取有所成长"

我的一位来访者患有持续性抑郁症，在竞争激烈的环境中，时常被羞耻感折磨，受自身的完美主义倾向和原生家庭中父亲严厉管教的影响，他极度追求要表现好，甚至"表现好"比"真的好"更重要。如果表现不够好，就会在头脑中反复播放尴尬的场面，并恶狠狠地攻击自己。因为"出丑"太痛苦，他经常下意识地会为了回避"出丑"而不行动（第3章所说的对伤害的高回避）。问题是，生活中处处有被"揭短"的风险，发现自己有不足是家常便饭，在这样的现实中，要想保持稳定而正面的情绪，绝对离不开成长型思维模式。成长型思维模式是由美国心理学家卡罗尔·德韦克（Carol Dweck）在《终身成长》（*Mindset: The New Psychology of Success*）一书中提出的理念。德韦克从对孩子如何应对失败压力的研究中总结出了两种思维模式：固定型思维模式和成长型思维模式。固定型思维模式认为能力是先天确定的，你做的事在暴露你的能力，成功的定义是做成事；而成长型思维模式认为能力是后天培养的，你做的事能提高你的能力，成功的定义是成长。

具体而言，具有固定型思维模式的人认为事做成了不犯错，说明你聪明。成功是因为聪明，失败说明你不聪明。如果需要努力，那也说明你还不够聪明。因为做成事才是成功，所以有固定型思维模式的人会回避挑战,喜欢待在舒适区,做不需要努力就有把握能成功的事。遇到挑战也比较容易放弃,因为他们认为努力是徒劳的,努力证明他们不够聪明,既然不行还尝试什么?另外,对于有用的负面反馈,也就是建设性的批评意见,具有这种思维模式的人也不爱搭理,并且容易把其他人的成功视为对自己的威胁。

而具有成长型思维模式的人认为成长就离不开努力走出舒适区,不害怕问题,在问题中努力,在问题中寻找机会,在问题中成长。所以他们倾向于在已经擅长的事情之外去找新的挑战,在挑战面前坚持不懈,把努力当作提高能力的必经途径。在批评中获得学习,也在别人的成功当中找到借鉴和激励。成长型思维模式,避开好坏优劣、人我比较的陷阱,直达学无止境的人生内核。如《老子》所言,"祸兮福之所倚;福兮祸之所伏",成长型思维模式,正是善用事物的两面性,以"凡发生的都有可学之事"的不变的心态应对万变的现实。比如,虽然患抑郁症是不幸的(如果能选择当然选择不要患抑郁症),但是已经发生后,与其责怪自己"我没用,我不好",不如强调"我能从这个经历中学到什么",把不幸转换成有幸。事实上研究表明,在席卷全球的新冠疫情下,那些在疫情之前就被诊断出抑郁症,并且已经接受心理咨询、学习了心理调节技术的人,能够把这些技术运用到疫情带来的压力焦虑等负面体验上,反而比那些没有经验的人,适应得更好。如果孩子在父母的帮助下,习惯用成长型思维模式来想事情,不仅能帮助他走出抑郁症,而且还能帮助他在日后生活中乘风破浪。

✻ 本章小结

抑郁症患者在认知上体现为消极、扭曲、固化的观点占据头脑,令其判断力下降,并做出带来不利后果的决定,而这又反过来刺激和恶化抑郁症。因此要提高对抑郁症的免疫力必须培养积极而务实的认知。这一点得从父母开始。有时儿童和青少年抑郁的先行是他们的焦虑，而他们焦虑的先行则往往是父母的完美主义。父母的完美主义会影响父母自己的身心健康和生活质量，也会带给孩子揠苗助长的压力。有保护的压力，才能避免不必要的超载和不幸的崩溃。处处可以把握机会：识别认知扭曲，并将它们替换成务实有益的思维方式；找到和自己善意的交流方式，进行积极的自我对话；以及培养成长型思维模式，把注意力从"面子"移到"里子"，把每个"失望、差劲、丢脸"转化为"总结、启发、进步"。

✱ 思考与练习

1. 父母和孩子分享三个自己发现的自己的认知扭曲以及用积极正向的念头引导的例子。

   _____

   _____

   _____

2. 父母留意自己失误、犯错的时候，抓住机会，向孩子坦言自己没做好，积极承认过错，总结经验教训，鼓励下次努力。把过程记录下来。

   _____

   _____

   _____

第 9 章

增加改善问题的行为

"他们以为我无所谓,其实我知道这样下去不行……但我真的不知道怎么变好。"

——来访者

从"孩子不好"到"孩子没有那么不好"

在生活中时时处处会遇到问题,但处理问题的过程并非一帆风顺。在无法突破、无计可施时,难免有挫败、无力、自卑、羞耻等感受,而这些负面体验会积羽沉舟,让人陷入抑郁,没有动力,畏难退缩,甚至自暴自弃。不论出于预防抑郁症,还是为了更好地生活,我们都需要不断增加改善问题的行为与能力。

父母帮助孩子增加改善问题的行为的第一步,是避免在心中扩大问题。有些父母很自然地会提到孩子哪里不好:站着老驼背,见人说话嘴不甜,做事慢吞吞……然后会担忧地表达:这样下去该如何是好,并且急切地询问：现在该怎么办才好？在父母撸起袖子想帮孩子解决问题之前，也许父母可以慢下来，先问问自己：是否频繁地看见孩子的"不好"？除了孩子以外，对自己和其他人是否也有发现"不好"的倾向和习惯？即使没有了这一个"不好"，也会发现和关注另一个"不好"？如果有发现"不好"的"超能力"，那么有没有可能自己的差评不一定是最客观公正的？自己认为的"不好"真的有那么不好吗？与其说是孩子"不好"，不如更准确地说，是自己内心有对"孩子好"的强烈渴望和期待？

父母对孩子有期待，本身不是坏事，也不可避免。然而值得注意的是，很多父母虽然对孩子抱有太高的期待，却并不承认。不是父母有意撒谎，而是真的没有意识到！而没意识到，主要有两个原因：期待尚未受挫并偷换了概念。

先说第一个。初为父母时，我们可以期待世界上所有的美好全部发生在孩子身上，我们不由自主地期待一切。因为没人知道孩子会如何，旅程还没开启，界限尚未呈现。随着时间的推移、生活的展开，孩子的秉性、才能、身心素质，逐渐呈现，日益清晰。父母说起孩子时，所使用的描述性词语，也相应就有所偏重了。比如"好动""好静""胆小""胆大""爱哭""爱笑""怕生""自来熟""听话""逆反"，等等。当孩子展现出特点时，就是他在无声或有声地表达他的界限：这是我，和你不同的我。这时，父母不能像没有碰到界限一样，停留在无限期待中了，需要老老实实地睁大眼睛，真正地看到孩子的特点。在相处中，抱着尊重他的个体性、观察他的自然面貌的心态，父母就会自然而然地看到他的特点。

然而很多父母无法自发地以观察者的心态对待孩子，那这些父母如何能看到孩子的特点呢？其实不难，想不看到都难。因为，父母很容易和孩子发生摩擦甚至冲突，即使再省心再听话的孩子，也一定会有不省心不听话的时候。每次起摩擦和冲突，其实是父母对孩子的标准和期待"碰壁"

了。父母感到失望、不满、烦躁和沮丧。这些情绪向父母发出信号：触碰到孩子的特点与父母的标准和期望之间的界限了。透过那些让父母失望、不满、烦躁、沮丧的言行，顺藤摸瓜，就可以看到孩子的特点。对于孩子的特点，只有看到了，才能根据他的特点想办法，找到和他互动效果比较好的方法。比如，有的孩子在压力下会不知所措，有的孩子却喜欢比一比、激将法。

虽然失望、不满、烦躁和沮丧是人之常情，但父母不要在这些情绪中待太久以致迷失，而要提醒自己，只要肯琢磨"碰壁"的经历，就能既看到孩子的特点，又看到自己的期待。比如，看不惯孩子见人不打招呼时，说明自己期待孩子懂礼貌；受不了孩子磨蹭时，说明自己期待孩子知道自己到点该做什么、动作快、守时。每次看到孩子的一个"不好"，就反射出自己内心的一个期待。这样去观察，很快就会发现，自己的期待挺多的呢。

有些期待当然可以保留，但同时，也可以开始调整期待。随着每天发生的事情以及孩子的特点的展现，父母会切切实实地体验到，孩子不是按自己想的来的！孩子有孩子的现实情况，他有他想要的、不想要的、做不到的。父母的意志只能推行到一定限度。孩子不合父母意时，正是界限在呈现，父母可以从中学到许多，更深入地了解孩子，也更深入地了解自己。这是一个不容易接受的现实，但它是现实。

没有意识到自己有期待的第二个原因是，偷换了概念。乍一问："你对孩子有什么期待和要求啊？"父母容易说自己最看重的底线，比如，"我不求什么，就希望他健康、快乐"，或者"做人做事至少要像模像样吧"，诸如此类。这些都是"至少要有……""如果别的我要不了，我也要……""别的可以没有，这个不能没有……"的内容。这里面的微妙之处在于：这种"至少"性的回答里有一层无可奈何的意思，因为先预设、默认了一个大前提，那就是，父母不得不精简自己的期待，精简到不能更精简——别的实在是要不了、得不到，那我至少要什么。

然而在实际生活中，几乎不会有人会每时每刻提醒自己"哦，这我可以不要，那可以不要，这些都不是非得要的"。相反地，在实际生活中，经常是"事事都重要"。"为什么不对孩子多一些要求——不都是为孩子好吗？既然别人孩子可以，为什么我孩子不行？试试呗，说不定呢？不要求他，怎么知道他做不做得到？"这些都是正常的内心活动。因此才会出现，一方面当父母被问及对孩子有什么期待时，他们觉得很无辜，"我没有什么高期待啊"；但另一方面在每天的生活中，又随处可见对孩子有各种要求，甚至是希望"孩子什么都好"或者"什么都比别人好"，这便带来了发现不好的"超能力"，使父母和孩子都陷入不满与焦虑中。

父母对孩子有憧憬和渴望、标准和期待，是不可避免的。重要的是，父母要知道自己的期待有哪些。这里，不妨放下书，拿起纸笔，花点时间思考以下的问题，慢慢梳理。首先，你希望孩子是什么样的？想到什么写什么，不去修改，允许自由表达。把对孩子的期待都写下来之后，面对这些期待，其次，思考一下这些对孩子来说公平吗？实现的可能性大吗？非要不可吗？然后考虑这是孩子自己想要的吗？实现它们更多是满足我自己的需要还是孩子的需要？这些期待之间有没有自相矛盾的地方？最后筛选一下：哪些可以放宽？哪些可以放弃？对于可以放宽的，放宽到什么程度？如何提醒自己放宽？对于可以放弃的，要如何调整自己，才能真正做到放弃？如果做不到放弃，怎么办？

将这些不易回答的问题梳理一遍，已经不易，然而还需要不止一遍。因为，有些期待不到发生时（比如孩子达到一定年龄，有一定经历），父母是不会意识到自己有这些标准和期待的。所以，对这些问题的梳理，是一个需要随着孩子成长阶段而循环发生的检视。

总之，当孩子按父母想法活动时很让人开心，不按父母想法活动时则让人动脑筋。动脑筋的第一个重点（本节）是：也许孩子没有那么不好，而是父母的期待很高？第二个重点（下一节）是：作为父母，内心的期待是否有自相矛盾之处？

从"孩子有问题"到"父母是矛盾的"

父母是否有类似这样的经历：

孩子在演讲赛或辩论会上口若悬河时，自己欣慰自豪。孩子和自己据理力争，则认为孩子是"顶嘴、狡辩"，被孩子气得胃疼。

嫌孩子面对困难不够"意志顽强、坚韧不拔"，却受不了他在面前"坚持己见、死缠烂打、顽固不化"。

希望自己一瞪眼孩子就识相、收敛、退步，却希望他面对他人的强势时不当软柿子。

叫孩子打游戏"输了就关机"，不许恋战，但又教育他面对考试低分要"抓住下次重来的机会！知难而进，愈挫愈勇"。

看到社会精英在电视上感慨"想当年，身边人都不同意，可是我不在乎，敢为人先，走自己的路让别人说去吧"。父母想："嗯，我家娃能有这么一天也不错啊！"可真遇到事时，父母却勒令他要在乎父母的愿望、家长的颜面、社会大多数人的做法，不要"一意孤行，执迷不悟"，不要"自私"。

并不是说孩子和父母吵架、撒谎、不听劝等行为是对的。只是借以上例子，来帮助我们觉察到为人父母最难意识到但又影响恶劣的矛盾。让我从以下五个方面来介绍和分析矛盾。

第一，父母有没有意识到，让自己心烦生气的背后，其实体现了孩子的某种能力？而能力，就意味着包括语言、思维、行动、身体、意志品质等各方面的发育和发展。比如，力气变大，速度更快，词汇量增加，开始推理、假设、猜测、计划、反问、辩论等，能阅读、使用电子产品，会拒绝、抱怨、抗议，会请求、坚持，有主意、会尝试，自我意愿增强，个性越来越鲜明，等等。

第二，父母有没有意识到，孩子为自己没有能力而烦恼，也会为有能力而烦恼？如果孩子不发育，能力不提升，那父母该多心焦和辛苦啊！毕竟，孩子发育迟缓或停滞，会让父母感到莫大的恐惧。然而，孩子发育了、能力提升了，父母也常常陷入新的烦恼中，因为孩子越来越"能"了，越来越不容易管束了。毕竟，孩子发展不受管教、驯服、控制，也是父母莫大的恐惧。好在，和"不发育、能力不提升"的痛苦相比，"基于发育而变得难以管教"的痛苦是可以通过好好认识这个问题而减轻的。

第三，父母有没有意识到，自己对孩子的期待有自相矛盾之处，让自己心烦的和开心的背后其实是同一个能力？比如本节开始时举的那些例子，辩论赛得奖是争光，和父母辩则是添堵，其实都是辩论才华啊。同一个能力，有时这样表现，有时那样表现，有时欢喜有时忧。最重要的就在这里！同一个能力，在不同情境下的表现不同：有时是父母想要的，有的话父母会很满意很开心："不愧是我的孩子！"没有的话父母会很着急很害怕："别的孩子都可以，怎么我的孩子做不到？"然而，有时又是父母不想要的，遇到了的话父母会很心烦很生气："这孩子！有谁像你这样啊！"这些情绪反应，都是可以理解的。然而，父母一定要有这样一个觉悟：自己喜欢和不喜欢的背后是同一个能力。

我想要的和不想要的，往往是同源同体、一个硬币的两面。这个感悟我最早是什么时候产生的呢？是我当了妈妈、孩子六个月的时候。他生性活泼，爱动胳膊爱动腿，爱听爱看爱参与，我觉得他这样很好，很为他开心。然而，对我的影响则是让我有点不得安宁，比如我看书他也要凑过来"看"（撕）书，我用电脑他也要抢过去"打"键盘，搞得我什么也做不了，心想："你就不能像个包子一样黏在原地自己发会儿呆吗？"当我把这两个心情联系在一起，我顿时愣住了。我发现自己喜欢的，本质是他好奇；不喜欢的，本质也是他好奇。同是好奇，有时的表现我喜欢，有时的表现我嫌弃，我当时立马发现自己的双重标准，从自己立场出发，以自己的喜好衡量孩子，以至于同一个东西都可以被我量出长短来。

我领悟到了这一点，那我对孩子还会不会心烦生气？会。然而，频率可能会低一些、强度可能会弱一点。不是我拿育儿道理来压抑自己的情绪。而是基于这个领悟，会自然而然地区分，"我烦的是孩子的能力在此刻的表现恰好是不符合我的意愿的"；会自然而然地欣赏，"他的能力本身是我希望他具备的，是我为之骄傲喜悦的"；以及，会自然而然地合理期待，"他具备了这个能力，就注定他有时会表现出合我意的行为，有时会表现出不合我意的行为"。

第四，父母有没有意识到，矛盾如果不觉察，自己会暗中希求一条"出路"，那就是，他的能力只在父母接受的时间地点里，在父母认可的情境中，以父母欣赏的方式表达出来？对于有的父母而言，这条"出路"的本质是，孩子面对世界要上天入地、十八般武艺，但面对父母就突然武功全废；面对世界是冲天豪气，但面对父母自愿自废功力；面对世界可以有点使坏，但面对父母，要乖巧。别说父母了，夫妻恋人之间也容易这样暗怀希冀——愿我的那个他，被我全搞定，又搞定全世界。

第五，父母有没有意识到，以上希望实现的可能性有多大？如果可能性极小，父母可以选择继续希望，但必须提醒自己，自愿走上一条99%

的可能性会失望的路。而踏在这条路上，会把你搞得纠结错乱、精疲力竭，也会把孩子搞得无所适从、有撕裂感。父母也可以选择停止这个念想，如同叫孩子停止使用平板电脑一样——"现在就停！"但如果父母说："怎么可能说停就停得了呢？"那也许父母也能理解孩子为什么不能说停就停。大家都做不到，都有局限和无奈。父母怎么选择都行，但至少要清楚自己的选择和后果。从一开始，内心比较明白，会减少不实际的期待、不必要的懊恼、不公正的迁怒。我想要的和不想要的，往往是同源同体、一个硬币的两面。所以，有时烦恼的原因，并不是孩子不好，而是自己有自相矛盾之处。意识到这一点，也许就会对孩子少一些不满和强迫。事情刚发生的当下可不可以还是有一点心烦？当然可以。然而要不要很心烦？并不需要。因为，父母希望孩子有能力，但能力都用来顺父母的意，从不和父母对着干——问问自己：能做到吗？自己况且都做不到不和自己对着干，又怎么能指望另一个人呢，对吧？那要不要引导？要。引导是一个好的心态。引导，就意味着父母看到了这一前提——孩子有东西可以被引导。打个比方，开渠引水，前提是有水，而水可以载舟灌溉也可以覆舟洪涝，所以可以修渠来引导。同样地，孩子有能力，但能力可以用来做对人对己有益的事，也可以做对人对己有害的，所以要善于引导。父母肯定孩子有可以引导的能力，而不是断裂性地硬切成两段：他哪里不好。他再不好的表现，背后都是某种能力。是能力，就可以表现成父母喜欢的或不喜欢的。是能力，就值得被肯定。是能力，父母就有机会引导。

觉察"我认为不好的，真的有那么不好吗"和"我内心的期待是否有自相矛盾之处"，这两个方法相结合，帮助父母避免在心中扩大问题。结果会发现孩子似乎也没有那么多问题！父母和孩子需要处理的问题变少了，真正的问题更聚焦了，为改善这些问题清理了场地，奠定了基础。

从"批评"到"询问"

父母帮助孩子增加改善问题的行为的第二步,是帮助孩子意识到"有问题",并了解"具体是什么问题"。传统提倡的"棍棒教育"是通过批评来指出问题。很多人都在批评中长大,也习惯了通过被批评来学习。然而,在我有限的心理学临床、研究和个人成长的过程中,我对批评有一些反思。

批评,首先照顾的是自己心里的情绪得到发泄,而不是回应对方(要帮助的人)的需求。就这一点而言,如果目的是帮助人,批评其实是在分散焦点。其次,批评阻碍了人的自然成长和学习。学习的发生,需要当事人感到安全和好奇。而批评会带来的连锁心理反应是:受惊、关闭、后退、躲避。被羞耻心蛰了、藏起来疗伤的人,是没有状态去学习的。也就是说,批评给学习制造了障碍。当事人得花时间和力气把障碍移除了,才能回来学习。从这个意义上来说,批评会让人走弯路。再次,虽然批评是可以督促人进步,但是批评的作用并不是不可替代的,而且往往可以被效果更好、伤害更小的方法取代。所以我想说,父母既然是要帮助孩子的,何必要采取"批评"这种方式去对待他呢?

那么如果不批评,又有什么是父母可以做的呢?那就是询问。比如,示范(参考第8章)、询问、分析、引导、协商、交流情感等。接下来,我将通过两个案例来着重谈如何用询问、分析来代替批评,达到帮助人进步的作用。

第一个例子中,一位家长收到班主任老师发来的照片:孩子上课打瞌睡和开小差,被抓了现行。这位家长的第一反应是批评孩子,这是可以理解的,但孩子火气也很大,在争执和哭喊中不欢而散。批评并没有起到帮助孩子改变的效果。如果不批评，可以怎么做呢？

首先，父母从理解孩子的角度出发。理解，得先放下是非成见，多角度收集信息，了解现实中的局限与困难，在事物与事物相联系的整体中对事物做出分析。在日复一日高强度的学习下身体疲倦是很正常的。孩子容易走神，是否存在多动症的客观障碍，而不是孩子有意不学习、不遵守纪律？被老师和家长批评的行为，想克服却没有办法克服，孩子是否也感到自卑和沮丧，因此有点想破罐子破摔？

在理解的基础上，父母带着和孩子一起并肩作战的感觉找策略。"理解"与"并肩"有助于父母克制冲动，避免把精力浪费在批评上。孩子不是敌人，真正的敌人是"犯困"这个常见的生理反应。转而，温和地询问孩子：犯困会引起你什么心情？发现什么情况下容易犯困？你能想出什么方法来对抗犯困？然后，以不置对错、开放坦诚的心态，细致地讨论各种可能性。最后和孩子一起总结出几点对抗犯困的方法，包括早饭少吃一点、犯困时喝几口冷水、向老师申请站着听课、课间上下楼梯活动几分钟，等等。

不久，家长又收到班主任老师发来的照片：孩子站在教室后面，还背对着讲台。家长的第一反应是又被罚站了！心情一落千丈到熟悉的失望、生气、发愁、烦躁中。然而这次家长没有急着批评，而是有克制地问孩子，发生了什么。原来孩子犯困，自己申请站着听课，于是站到了教室后面。而之所以背对着讲台，是因为他正在记笔记。随着这些信息浮现出来，整个画面都改变了性质。

第二个例子是一个成绩很好的学生，被选去上课外培优班。就能力而言，她有希望参加竞赛获奖，但她就是不愿意去上课外班。一想到要去，就胸闷、后脑勺发紧、头晕；但是不去吧，又耽误学业上的上升机会，进退两难。当父母批评她时，她也很认同父母的批评，但是做不到就是做不到，对自己懊恼不已，甚至做出伤害自己的行为来自我惩罚。

当父母从批评变成询问，"拿起放大镜"仔细了解时，发现了一件重要的细节。她究竟为什么不愿意去上课外班呢？究竟是什么最令她焦虑呢？原来是因为她不喜欢进入一个新的课堂，去经历那种谁都不认识的尴尬。如果她在课堂上发言了，她马上会觉得舒畅很多，因为她通过发言让自己被认识了，尽管她还不认识别人，但是别人认识她了，她觉得这样就不那么尴尬了。

这是分析得出的，究竟是否经得起检验呢？面谈后的那一周，她去课外班，一开始就找机会发了一次言，果然达到了预期的效果。孩子很兴奋地报告了心境的改变："没想到就这么简单！"这样就知道以后可以怎么做了。虽然每次去上新的课，仍然会焦虑退缩，但是她只需要用一点点意志力。逼自己去上课；逼自己在这堂课上发言。这样破冰了，后面就不需要用多少意志力再强迫自己了。

简·尼尔森在《正面管教》中强调，作为教育者，我们不用直接告诉孩子发生了什么、现在应该做什么。相反，提出好奇性的问题，询问孩子：刚才发生了什么？你觉得什么导致它发生？你有什么办法来解决问题？从中你学到了什么？在开放性问题的引导下，孩子获得了叙事与思考的机会，学习也自然而然地在这个过程中发生。

询问，不是审问，而是平静的、不带羞辱色彩的。询问，不止步于被问者告诉询问者他已知的信息，而是借由问题引发被问者的回顾与思考，从而两人一同挖掘出之前没意识到的信息，令双方都受到启发。询问，不是从"应该"出发提要求、定目标，而是通过聚焦问题发生的原因和发展的过程，从而找到改善问题的方法。

从"提要求"到"教方法"

儿童和青少年自杀悲剧时有报道。事发之后,舆论有两派:有同情父母、指责孩子心理素质差的,有同情孩子、指责父母逼孩子走上绝路的。而我认为应当探讨第三条路:如何细致入微地教孩子一些切实可行的改善问题的方法。每个悲剧都是独特的,我们不知道究竟发生了什么,包括悲剧当天发生了什么,以及孩子早先成长经历如何。然而我相信,所有自杀和企图自杀的儿童和青少年,在行动之前,必定有许多努力与挣扎!这些儿童和青少年知道自己在学习、人际、性格或与父母的关系方面有问题、不够好,也知道父母、老师和其他人知道他有问题、不够好。一路以来,已经有很多人有意无意地以各种方式让他知道了,赤裸地知道。只想听不见、看不见、忘掉它,他们就是拿它没办法,摆脱不掉,改变不了。

千百万学生,从所谓的"差学生""坏学生"到"中等生"甚至"好学生",都知道"我有问题、我不够好"。然而孩子们不知道的是什么?不知道怎么做。不知道怎么做才会更好。简单举例,大家有没有过这种经历:我也不想和我的爱人走到这一步,但是就是走到了这一步;我也不想婆媳关系不好,但是就是不好;我也不想和父母见面就吵架,但是就是这么尴尬;我也不想减肥老失败,但是就是做不到少吃多动;我也想升职、加薪,但是就是不能像别人那样顺利;我也想自信一点,但是就是自信不起来……如果我们都有过这种"我也想啊,但是"和"我也不想啊,但是"的经历,那么,我们可以共情理解孩子的无力感。他也不想"有问题、不够好"。

小时候,经常听老师或家长说某位同学是"坏学生"。在班级里,好学生和坏学生的"阶级"区分很明显。然而后来,在我出国留学努力学但是学不明白的时候,我明白了一件特别宝贵的事情:所谓成绩好的和成绩不好的学生之间并非泾渭分明。成绩不好的学生往往不是一开始就不想学习，而是出于各种原因错过了学懂的机会，此后没有及时有效地补救，缺口越拉越大，到后来想学都深感无能为力。靠自己没有办法学懂，会感到急躁，如同困在房间里乱撞的苍蝇，努力没有效果，痛苦没有出路。有的学生会一直努力找出路，但有的会被其他事情转移注意力。

这背后是一个虽细微但常见、每个人都可以去留意且肯定遇到过的心境。我不是立定志向要"不好"，相反，我本来是想"好"的，但是我遇到了困难，也不知道怎么表达我遇到的困难，所以我无法有效地求助，而我身边也没有人能看出来我遇到了什么困难，并且提供相应的帮助、拉我一把渡过难关，于是我卡在这里，着急、挫败、不知所措，开始害怕，开始回避同类困难，形成恶性循环。

这叫"畏难"吗？如果我被拉了一把、渡过了这一关，下一关我就又有兴趣、有斗志、有决心，甚至有信心了，那时哪怕难，都没关系，自己并不畏难。但是如果我没有被拉一把、渡过这一关，那下一关，你要我像那些一贯成功的同学一样有兴趣、有斗志、有决心、有信心，老实讲，可能吗？然后，再下一关呢？再再下一关呢？一直类推。罗马不是一天建成的，讨厌学习、害怕学习的"畏难"也是一砖一瓦建成的。

一砖一瓦，必须非常确切的。比如，不清楚英语中的介词使用方法，那么只要遇到这个知识点，就会出错。只要遇到这类问题，就会害怕，会头疼，会想逃，想"我肯定又考不好"，沮丧，考试时容易分心、发呆，卷子做得可能更加不好。要想帮孩子，就一定得找到他确切的困难在哪里。

父母可以先问问自己："孩子有哪些困难？我有方法吗？我真的懂吗？"可能未必。这让父母先冷静。其次问自己："我对孩子说的话，对他有帮助吗？"父母要做的不是骂，不是生气，不是表达多失望。我在工作中发现，其实不需要再骂孩子了。因为他都知道，他也这样骂自己，只是父母不知道孩子其实很自责,因为孩子隐藏得很好。也不需要再提要求,因为孩子也对自己提过,但做不到就是做不到。

关键是,要教他方法。方法不是"你不要……""你应该……",这些只是约束性、结论性的目标和规定而已,只是在提要求。比如"不许考不及格"就如同"不许牙疼""不许长肿瘤"。怎么才能避免考不及格、避免牙疼、避免长肿瘤呢?没说。只是提要求,但没有教方法。那"要努力学习"是不是教方法呢?也不是。"要努力学习"就如同"要补牙""要切瘤"。可是怎么努力、怎么补牙、怎么切瘤?也没说。依然只是提要求,但没有教方法。"努力"和"学习"是两个非常抽象的词语,很多孩子都说要努力学习,也真心想努力学习,但是不知道从哪里入手,怎样事半功倍,如何调整心态,等等。"要补牙""要切瘤"对什么人说有用?只有对医生说才有用,只有对已经掌握了补牙和切瘤的方法的人说才有用。如果孩子还没有掌握"努力学习"的方法,对他说"要努力学习",他同意,但是做不到还是做不到。

要搞清楚怎么努力学习,离不开先搞清楚为什么不学习。是因为不喜欢学校?那为什么不喜欢学校?是因为哪门课、哪个老师,还是哪些同学?如果是因为某门课,那是哪些知识点太难了?这些知识点又涉及之前的哪些知识点?如果是因为考不好所以不学习,那为什么考不好?是因为读不懂题目,想不起来老师说了什么,考试紧张得大脑空白,抑或别的原因?每个原因都不同,对策也不同。需要有人帮他查找原因、做出诊断、制定对策、刻意练习、给予反馈。做到这些才是教给了孩子方法。

孩子需要有人帮他精准地识别问题、提供帮助。所谓识别问题,是真的看清楚孩子缺什么,卡在哪里。然后,提供帮助给他。如果父母能识别问题,即使不能提供相应的帮助,那也已经非常好了,可以从外界更广阔的资源中寻找可以提供给孩子特定帮助的人、事或物。即使父母不能识别问题，也没有关系，但一定要尽量避免以"我知道你的问题"的心态来训人，把不符合他实际情况的建议硬要孩子照做。其实，帮不了就帮不了，没什么大不了。帮不了时，父母将心比心，理解孩子是处在困难中，一时没有方法（而不是他有意和父母作对，或对自己不负责），给孩子以理解，也是大有帮助！

多维度、动态地改善问题

问题改善往往是一个多维、动态、反复、曲折的过程。在实践中需要将以上内容融会贯通。在此我以改善孩子沉迷手机游戏为例，谈一谈孩子其实希望父母怎么帮他，方便父母触类旁通地处理其他问题。沉迷手机游戏是我被家长经常提问的问题。不少家长担心，在别人家孩子争分夺秒学习时，自己孩子的心思都放在手机游戏上，想要知道怎么做才能帮他把心收回来。有些家长，则是觉得孩子不断地在手机游戏中找成就感，在现实学习中却越来越畏难。孩子沉迷手机游戏在当下十分普遍，也是抑郁孩子常见的行为表现。关于如何跟孩子沟通，让他不要打太多游戏，具体做法取决于孩子的年龄个性、父母和孩子的关系如何。这里我提供一个通用的思路供大家参考。过程中哪一步如果做不到，先别勉强，做家长已经很不容易了。步骤依次是：静心、反思、共情、肯定、观察聆听、共同商量解决办法。

父母任何时候想要解决孩子的问题，都得先从自己开始。第一步，建议先深呼吸几次，让自己静下来。把对孩子的埋怨、对现状的着急、对未来的担心……暂时放一边。借助呼吸静下来是基础，就像搭建楼房，每一步都必须在前一步搭好了的基础上再往上搭，否则这幢楼房一定会垮，那时会觉得这些步骤没有用，但其实是因为在搭建过程中结构出了问题。所以，第一步要先让自己的心尽量静下来。

第二步，反思自己是否存在偏见，是否能接受适度打游戏的好处。适度打游戏有什么好处？首先，有乐趣；其次，有些游戏和同学朋友一起打，能增进社交；最后，游戏对手眼协调、问题解决、情绪管理都有帮助。只有不把打游戏绝对妖魔化，才能避免在和孩子沟通时流露出贬低和敌意。

反思的另一个内容是，自己在自我管理上做得怎样？有没有很痴迷的（比如游戏、视频）？那又是怎么克制自己的？如果自己很自律，那是如何养成的？有什么因素促进自我管理？这个经验也许（记住，一定是"也许"，因为孩子毕竟不是你）可以给孩子启发，但如果意识到自己也没有那么自律，那么是否可以发现一直在要求孩子做到的却是自己都做不到的？基于自己自律时遇到的困难，是否能对孩子多一份将心比心，少一些不公平的期待和要求？

第三步，父母要从人性的角度来共情孩子的心态：一件事做得越好就越有快感，也就越有兴趣做，这是人的正常反应，不是孩子的错，也不是孩子的弱点。在意识到这一点的基础上，父母可以做有共鸣的分享，比如上学时哪门成绩好，老师喜欢我，我学得就更带劲，成绩就更好，老师就更喜欢我；或者哪门课成绩不好，和老师的关系也别扭，甚至他就是看我不顺眼，所以每次上到这门课，就没兴趣，作业也不想做，这门课成绩也就很难提高。分享自己的经历后，可以联系到孩子身上进一步共情。比如："你现在学的很多知识点是很难的。要是换作我，我可以想象如果我努力了还不明白，我会忍不住烦躁和气馁。这种情况下，人可能会觉得，那我还不如找其他的事情分散一下注意力。而手机游戏就是很好用的东西，努力一下就能得分，不像学习，学了很久也看不到进步。挫败感不好受，如果学习上的挫败感可以被打游戏胜利的喜悦给冲淡，我想换作我可能也会这么做。"

然而说这番话有一个很重要的前提，得是发自内心的，而不是为了说而说的。如果是违心的话，孩子一眼就可以看穿，父母也一定会在谈话过程中爆发。以后要是再说一样的话，孩子可能就不会相信了。所以父母千万不要着急，哪怕多花一些时间，能发自内心了，再说出来。其实，这段话要说出来是挺不容易。有些家长自己就是"学霸"，自律，对生活有很高的追求，也很能吃苦。所以对于这些家长，他会发自内心地觉得"换作我，我不会那样做，就算头悬梁锥刺股，我也要把不会的知识给弄懂了。手机我会主动上交，我不要被任何东西分散注意力"。如果是这样，父母就先不要勉强自己违心地说能理解孩子对手机的沉迷。转而父母需要重视人性的局限：如上所言，在努力了很久之后未能如愿，感到挫败时，人可能会渴望找到一些转移注意力的东西来调剂心情。手机游戏又方便又能够达到这些目的，孩子当然就会愿意去玩。人都是趋利避害的。在这里，"害"就是学习的头疼，"利"就是游戏打赢了的开心。不要求家长达到真心地说出"换作我也会这样"的境界，但至少需要理解人是会这样的。这样本身不是错，不是不上进（尽管它可以和不上进相辅相成）。只有具备对人性的了解，心情上虽无可奈何，但理性上把人性作为事实来接受，父母对孩子才能不抱居高临下的排斥和嫌弃的心情，才能避免无效沟通。

在这前三步的基础上，再有第四步，中肯地肯定孩子。这步更难，为什么说难？因为如果父母的心在一开始的时候没有静下来，没有反思自我管理的状态，也没有从自己的过往经历中人性角度来共情，那么父母就容易愤然于"孩子太不像我了，太不应该了"，茫然于"他怎么会这样"，黯然于"我和孩子之间隔得很远"。在隔阂、不认同、失望、生气的情况下，只会做出否定和批评，怎么可能肯定孩子呢？

假设通过前三步一点点找到感觉了，那么父母可以进行这第四步。怎么进行呢？父母可以用属于自己的语言来把下面的意思讲给孩子听。重点是，要真诚。如果是我，我可能会说："你的游戏我不太懂，但是我相信，你打得好说明你专注力强、反应快，这都是优点。你的学习我也不太懂，但是我相信你对现在的成绩也还不太满意，希望能更好些。学习虽然没让你很开心但是你没有放弃，这是非常值得肯定的。"这里既肯定打游戏涉及的优点，又表达对孩子的信任，肯定他仍然想做到更好。

在肯定了孩子之后，父母可以深入话题询问："你是否感觉有点无助？目前还没有人能提供给你最需要的帮助，是吗？"在此处，有的家长可能会质疑："班上有那么多孩子，怎么就有的孩子成绩好呢？学校那么多的好资源，怎么就有孩子可以找到帮助呢？怎么就有孩子会自己争取、问老师问题呢？可是我这孩子就不会，他说没有人帮助他，但是他自己怎么不去寻求帮助呢？"有这样的疑问完全可以理解。然而现实是，对于孩子来讲，不管出于什么原因，性格也好，习惯也罢，他现在就是卡住了。父母要小心认定孩子就是不想学习、不重视学习。一般而言谁不想成绩更好一些呢？但找不到感觉和方法，局中人也很有压力。需要有人通过询问、教方法给予有效的帮助。如果不给有效帮助只给压力或者给的帮助里面带着压力，只会增加孩子的孤独和焦虑，然后要么感到崩溃要么转为不在乎。当父母询问孩子是不是没有人能提供最需要的帮助时，孩子感到的是被体谅和关心，而不再是批评责怪。

紧接着，可以表达："也许你自己知道什么样的帮助是你最需要的，如果你知道的话，我很想听你讲讲。如果你还不清楚，那也没有关系，这不是你的错，我们可以一起来想办法。"这一点直接呼应了前面说的，孩子可能感觉比较无助，周围都是压力源，但没人可以给他恰到好处的帮助。现在父母对孩子说"一起来想办法"，这就让父母和孩子不是一个对立的关系，而是站在了同一边。

第五步是观察聆听。在前面做了这么多步后，到了这一步，孩子已经比较愿意和父母交流。如果他跟父母抱怨各种学习上的困难、哪个老师不好、哪个同学烦人，父母就充满爱地聆听，切勿挑剔和心急。因为一心急，就会不由自主地责怪孩子"你怎么总是在找外部因素""你怎么总是看别人不顺眼""你应该多反思自己"。虽然这些道理都对，但是对的道理在不对的时候会不利于沟通。就像自己在职场上遇到不顺心的事，和别人倾诉，但别人说"你这事儿没什么，很正常，大家都这样"。虽然有道理，但不是滋味。如果是充满爱地听就会很不一样。父母可以通过孩子的抱怨，了解到从他的视角看到的世界是什么样子的。虽然这些信息对"减少打游戏"这个目标没有立即直接的作用，但先听进心里，以后在增进感情、引导孩子时一定用得上。

最后一步是共同商量解决办法。比如，"如果说你不用考试也不用升学了，那么现在谁都不用逼你学习了。然而，升学考试是我们避不开的一道坎，我们承认现在学习没有胜任感，只能硬着头皮学，很辛苦，一般人都不喜欢这个感觉。而手机游戏是个调节剂，可以分散注意力，还能让人感受一下成功的小喜悦，本身并不是一件坏事，重点是时间。"父母提出这个方案，其实是在告诉孩子这样一个态度：我没有看你不顺眼、跟你过不去，也没有要剥夺你的快乐。相反，你感觉有乐趣的东西，我一定要帮你保留下来，因为我希望你开心。不把手机游戏看作一个敌人，而是看作学习的帮手，帮助调节学习的压力与疲劳，但前提是，共同商量出一个合适的搭配比例。如果这样沟通，很多孩子是很通情达理的，他们更看重的是父母的一个态度。

共同商量解决办法的过程中还会不断发生询问和聆听。比如，问孩子最喜欢什么时间打？一次打多久？现在的学习任务（不管是学校给的、家长给的，还是孩子给自己的），他觉得必须完成的量是多少？每天哪些时间段效率最高……在收集了信息的基础上，一起制定一个时间表，平衡好游戏和学习。然后，鼓励孩子坦诚说出，这个计划执行起来会有什么困难，进一步地和他一起想办法。

共同商量解决办法的过程中也需要不断共情。因为父母可能会听到不想听的话，比如，孩子说"不想学了""打游戏停不下来"。这时候，一定要沉住气，提醒自己要开心——因为孩子敢和自己说真话。可以想想自己是不是也有明知道应该做却不想做或做不到的时候。毕竟，虽然家长和孩子的地位必定不平等，但是在人性上我们是站在同一个水平线上的，都有人性的弱点。在人性上，父母不需要居高临下。然后，暂时把解决问题放在一边，先充分地共情。父母可以回应孩子的不想学："是啊！要是能永远不学习、不工作、成天玩，那多好啊！是吗？"他可能会说："经常打游戏也会烦的。""那烦的时候换个脑子，看看书呢？会更烦吗？有没有不烦的书呢？"孩子可能会说："有时候历史书还行。"这里只是一个模拟对话。

重点是，平心静气地引导孩子。如果父母不能做到平心静气，那几乎不可能引导孩子。而平心静气又回到了第一步。所以这六步之间既有阶段性，又具有流动性，前面的做好了才能做后面的，后面的做了一会儿又需要回头重复前面的，前和后既递进又相对，既要稳扎稳打又得融会贯通。

当父母在这六步之间往返，充分共情之后，有时会达成一个共识：孩子的自制力暂时不够。怎么办？自制力不够，就用外力弥补。如同幼儿吃饭撒了一地，胸前得戴上兜兜；近视了得配副眼镜；骨折了得打上石膏……这些都是自制力不够的时候用外力来弥补。对手机游戏，先尝试自控，如果实在做不到，也可以在环境中增加控制的助力。比如，晚上10

点钟全家断网。然而关键是，如果出于"你不好，我失望，所以我惩罚你"，行为的性质是训诫、管束，就一定会激起逆反，事倍功半；只有出于"你遇到了困难，你不知道如何改变，并且你也不希望这样，所以我和你来找找别的办法"，父母的心态和处理过程才不是把孩子当怪兽打，而是和孩子站在一起打怪兽。这里仅以手机游戏为例，其他问题举一反三，也可参考上述六步，进行多维、动态的改善。

✴ 本章小结

父母眼中的有些问题，之所以成为问题，是因为父母追求四角俱全、毫发无憾。但完美是美好的敌人（Perfect is the enemy of good），因为它不切实际、不近人情、平添嫌弃与痛苦。当父母擅于反问自己："我认为不好的，真的有那么不好吗？""我内心的期待是否有自相矛盾之处？"父母会发现孩子似乎也没有那么多问题。杂音的减少有助于凸显重要的音律。眼中的问题没那么多了，恰恰能让父母更清晰地认识到孩子真正急需改善的问题。

改善问题的能力只有通过改善问题的行为才能逐步提高。而认识问题的过程可能是痛苦而令人不情愿的，应对问题的过程又是一波三折的。因此，在问题面前，孩子可能感到孤独，那父母就给予陪伴。既包括情感上的鼓励，也包括和他一起分析、评估局面，寻找原因，对比选择，制定对策。孩子和父母一样希望改善问题，只是一时孑然无助，他不需要父母提醒他没做到，而是需要得到尊严和引导。

✴ 思考与练习

1. 回忆孩子让我心烦生气的言行，思考是不是因为自己的需求、焦虑、完美主义？如果是，请有意识地关照、安抚、调整它。

2. 思考孩子让我心烦生气的言行体现了孩子的哪些能力？下次发生这些言行的时候，练习不急着批评，而是先肯定能力，再用正面态度询问和分析细节，最后研讨和厘清方法。把一次练习的过程记录下来。

第 10 章

提升孩子的自我价值感

"我的父母告诉我,'不管你怎么样,我们都爱你,因为你是我们的女儿'。我很讨厌这个说法。因为好像他们只是因为我是他们的女儿这层关系所以才爱我。不是因为我这个人而爱我。也是,他们并不认识我,所以也不可能因为我这个人而爱我。"

——来访者

从"如何交流"到"为什么交流"

自我价值感是关于"我算不算一个足够好的人,我值不值得被爱与被尊重"的内在感受。虽然对外取得的成绩,可以提升自我价值感,然而,成就斐然却自我价值感低的仍大有人在,累累硕果未必能消除"不配"的自卑感,或安抚"将被戳穿"的冒充者综合征(imposter syndrome),甚至无法止息自我破坏(self-sabotage)的冲动。因此,自我价值感归根结底是相对独立于成败得失的相对稳定的内在感受。在第 1 章中谈到,抑郁症在自我态度上的症状是低自我价值感，认为自己无趣、没用、不行、不如人、不值得被爱。自我价值感低，不仅会影响抑郁症，而且为事业、感情、生活各方面设置"天花板"，阻碍发展。

要提升自我价值感，离不开五个方面，本章会依次谈到。第一个方面是要对自我有认知。儿童和青少年的自我认知有待发展，很大程度上通过身边人对他们的认识来认识自己。这里就给父母提出了非常重要的一个课题：要愿意认识你的孩子。本章前两节是围绕真心对孩子感兴趣、愿意认识孩子，让孩子感到"被看见""被认识"，从而培养孩子"我值得"的自我价值感。

这里我联想到很多父母遇到的一个问题：孩子进入青春期后与自己疏远，怎么样才能让孩子和自己多交流？每当此时，我会邀请父母先慢下来，想要交流固然没错，但父母先坦诚地问自己：我为什么想要交流？

一种可能，希望孩子和我交流，因为这样我能更好地"掌握"他的现状，确保他没有且不会偏离轨道。这听起来好像很刺耳，但父母并不是来评判好坏对错，事实上，每个人都有对不确定感的排斥和对确定感的追求，而确定感是什么？就是觉得人和事可了解、可预料、可掌控。所以，如果孩子什么话都对父母说，父母对他很了解，父母就会有一份安心和踏实。这是人之常情。

另一种可能，希望孩子和我交流，因为我真的很想和这个不同于我的生命有联结。甚至，哪怕这个人不是我的孩子，只是我新认识的一个人，我也觉得他很有趣，有一些吸引我的特征，我对他有好奇、有欣赏，很想跟他多接触。

以上是交流的两种不同动机。如果动机是"希望对方凡事都跟我讲，这样我心里踏实，对局面更有掌控"的话，这种心态一定会影响到父母和孩子的互动方式。因为父母的动机是想要去控制孩子，孩子恐怕会觉得有一点没有空间、没有自我，因此想回避，想拉开距离，这是正常反应。如果父母没有做好准备去发现孩子的不同，且愿意放平心态好好了解他的不同，那么孩子不愿意跟父母多说话，或者父母说他也不听，其实就是一个比较能够理解的、可预见的结果了。虽然当孩子抗拒父母时，父母不顺心，但是客观来看，孩子对他以外的人能说"不"、能抵抗压力、调整距离、保护自我空间，其实是孩子有边界的表现，也是孩子步入社会后需要具备的能力。

如果动机是"想和另外一个生命有联结"的话，那最大的挑战在哪儿呢？是要问自己"我准备好了吗"。准备好什么？准备好去发现。发现什么？发现这个生命和我很不同。有时孩子的不同令父母难以接受，比如："我这么自律、上进，孩子怎么那么慢悠悠的，承受不了压力，也没有抱负？看这样我就很着急。明明是我生的，怎么跟我这么不一样？"父母有些失望和心焦，甚至埋怨愤怒。一旦掉进情绪旋涡里，就很难去继续发现孩子的好了。难以欣赏到孩子很温柔，很随和，相处起来不会带给别人压力感，而这些特点未尝不是有助于孩子步入社会的特质啊。所以，是否准备好睁大眼睛去发现，并且在发现的时候避免太快地掉进自己的情绪旋涡里，是重点和难点。

从"实现父母的愿望"到"认识孩子"

我的一位来访者曾经说："我的父母告诉我，'不管你怎么样，我们都爱你，因为你是我们的女儿'。我很讨厌这个说法。因为好像他们只是因为我是他们的女儿这层关系所以才爱我。不是因为我这个人而爱我。也是，他们并不认识我，所以也不可能因为我这个人而爱我。"虽然出于某种重要关系而在乎一个人，是人之常情，但是这位来访者的心声也值得重视和理解，它道出了我们每个人对被认识的渴望。

认识人，是一个特权。不是所有人都会让自己被你认识。人愿意被你认识，是愿意信任你。得到信任，是一件特殊而宝贵的事。信任人，不易发生；认识人，也不常有。常听到父母遗憾地说，孩子把自己包裹得很紧，不对他们敞开心扉。什么情况下，一个人会竭尽全力不被认识？也许是当他知道真实的自己具有他人没有准备好认识的地方。他知道他有一个人设——是他人希望看到的样子，也是他多数情况下可以呈现的样子。离开这个人设，身边的人会反感，有泪有痛，精疲力竭。对谁都没有"好处"。因此何必不在语言、行为、思想的某个或多个层面隐藏自己呢？

孩子隐藏自己，是因为他们认为暴露自己是危险的。事实上，身边人对他的要求越高越细，他就越有可能觉得必须时时刻刻表现出与要求、期待相匹配的言行举止，而把不相匹配的深藏。因此父母需要觉察和处理对孩子的期待（参考第 3 章和第 9 章），此外，还需要觉察和处理孩子对父母的怨愤。

有没有听孩子说过，哪怕就一次，"我恨你""我讨厌你"甚至"我要杀了你"？其实，对于儿童，这并不罕见。那是孩子在生气。用有限的语言，使出吃奶的劲，表达他的内心。他在请求父母认识他，认识他的需要。随着孩子长大，极端的气话不说了，是因为没有气了，还是学会了不说？因为社会化的过程教育孩子有些话是说不得的，比如杀人；有些矛盾是暴露不得的，比如恨人。所以，孩子不说了。然而内心的感受消散了，还是继续积压、发酵，继续难受？

日积月累，父母成了孩子"最爱我的仇人"，孩子成了父母"最熟悉的陌生人"。陌生，可以陌生到什么地步？一年见一两次面？电话一次五分钟？互相给出每次同样的问题、同样的回答？陌生，可以陌生到什么地步？你不知道他现在喜欢什么、讨厌什么。你不知道他现在追求什么、烦恼什么。你不知道他现在做什么，现在想什么。父母做好准备去结束陌生的状态了吗？父母做好准备去认识孩子了吗？

如果我们特别想去了解一个人，我们会怎么做？了解人的过程是怎么发生的？第一步，我们有一个鲜明的意识——我不知道这个人是什么样的。第二步，我们睁大眼睛，观察他，捕捉细节，揣摩心思。第三步，给时间，多接触。第四步，接触中，重复第二步：观察、捕捉、揣摩。第五步，修正对他的了解。第六步，重复第三到第五步。

父母有时第一步就掉进坑里了。可能因为父母没有想过，也没有提醒自己："我不了解孩子，孩子每天都在成长、在变化，我对他的认识要不断更新，才跟得上他真实的现状啊。"比如，小时候爱吃的美味，虽然长大已经不爱吃了，但一回家桌上就准备了一盘。孩子是什么感受？孩子知道父母想给自己喜欢的，想让自己开心，但是，已经不喜欢了。孩子还会开心吗？可能会开心，但是开心的原因不是父母意图中的那个——准备的美味正中下怀，而是因为孩子知道父母有心要迎合自己。然而，这种开心是有点脆弱的，因为它本身夹杂着一缕遗憾，孩子再一次被提醒——父母并不了解我！大家在意图层面，一方传递了善意，另一方接到了善意。然而在效果层面，打球没打进，接口没对上，失之交臂，可能反而加深了彼此之间的距离感和遗憾。更有甚者，孩子大大咧咧地嚷道："怎么又是这个。不都和你说过了吗，我现在在减肥！"孩子生气，觉得自己反复说过的话，父母充耳不闻，觉得自己没被父母尊重。同时，父母也觉得委屈，也觉得不被尊重，也会摇头叹气，心头堵得慌。以上是一个小例子。生活中因为不了解带来的伤害就是在不知不觉中积累起来的。

也许，父母觉得"以后慢慢地我不认识我的孩子了"是不好的。然而，父母做好"今天我就开始认识孩子"的心理准备了吗？比如：

"我恨你和我爸（妈）离婚，你知道吗？"

"等我独立挣钱了就不想和你有半毛钱关系,你想知道为什么吗?"

"真的别逼我学商科了,我想学考古学,你能同意吗?"

"我是同性恋,你能接受吗?"

"你那句话你都不记得了,但戳透了我的心,你能想起来吗?"

"我一直努力想要挣脱你们的束缚,你能不生气地听我说吗?"

……

认识人,需要做好心理准备。因为你不知道你认识到的会是什么,只有你愿意面对一切你认识到的,才是认识人的开端。而能做到愿意,是需要事先做一些心理准备的。

第一个心理准备,听到的可能对自己而言无足轻重,甚至有些反感。听到的内容父母不一定会喜欢。甚至是恼怒、失望、担忧。比如,孩子正在尝试父母不同意他尝试的事情;父母觉得最重要的事情,而他压根不在乎。然而,如果你的孩子告诉你你觉得不重要、没道理的事,也请务必先珍惜。珍惜他告诉了你!不要让你的批评性情绪这么快跳出来,拦在你和孩子之间,成为难以逾越的障碍,阻碍你们的沟通。

第二个心理准备,孩子会变,可能会让父母感到陌生得难受。父母有时会觉得:"因为我养育了他,那我当然是了解他的。"这种想法可以理解。然而,事实不一定是这样的:你不一定了解你的孩子,哪怕朝夕相处。

第三个心理准备,恐怕不知道怎么才能帮他。然而,没关系。事实上,不知道怎么帮他远好过:拒绝承认你帮不到,或假装知道怎么帮,或不符合他实际情况的建议硬要他照做。如果父母接纳自己帮不到但还在陪伴他，其实是很暖心的，孩子会感受到，你是在见证他的艰难和坚强。当孩子所需的帮助超出了你的经验、能力范畴，他们有时会充满动力，想要靠自己走出困境、搞出点名堂来。这样一来，你帮不了的事实客观上反而能起到激励孩子的效果。你虽然不知道怎么帮，但你安心地做一个温暖的陪伴——千万别低估了陪伴的正面力量！

认识人，还需要承担情绪后果。因为认识人，会发现真实。人都是有七情六欲，有复杂、阴暗、混乱、挣扎的一面。发现不会总是晴空万里，也可能是晴天霹雳。这时，父母怎么做？火冒三丈，哭泣，打骂？还是努力克制、用心、有效地处理？

上一节从"如何交流"到"为什么交流"和这一节强调让孩子感到"被看见、被认识"以及"我值得被看见、被认识"，这是提升儿童青少年自我价值感的第一个方面。

从"人我比较"到"建立稳定正向的标准"

提升自我价值感的第二个方面是，要建立内在、稳定、正向的自我衡量标准。心里有一杆秤：哪怕再多人喜欢我，任凭他们如何喜欢，我也知道自己有什么不足；哪怕再多人骂我嘲笑我，任凭他们如何骂和嘲笑，我也知道自己有哪些可贵之处。能做到此，实属不易，成年人有时况且做不到，所以孩子做不到完全可以理解。儿童和青少年想要处理好与他人的比较，建立内在、稳定、正向的自我衡量标准，不可能一蹴而就。

关于建立内在的衡量标准，父母可以多询问："你怎么看？你觉得呢？"鼓励孩子反观内心，与内心建立联结，捕捉到自己的思路，测量情绪的"体温"。相反，父母每一次说"你看别人如何"的时候，其实是在对孩子强化一种外在的、通过和他人对比来衡量自我的标准，是有悖于内在衡量标准的形成的。

关于建立稳定的衡量标准，父母需要自问，对孩子的态度是否因为他的乖巧程度而波动？这里绝对不是说不要管教孩子，这里说的态度是父母从根本上如何看待孩子，父母情感的底色和基调是什么。如果这个底色和基调是稳定的，那么有助于孩子建立起相对稳定的自我认知和态度。如果这个底色和基调随着心情、好恶、孩子乖巧程度等因素而忽上忽下的话，无意中在影响孩子的自我感觉，也会时好时坏。

关于建立正向的衡量标准，父母还应当留意孩子和他人所展现的宝贵品质，多发现，多肯定。比如，在电视剧、电影、球赛、新闻中，当父母看到坚持不放弃的韧劲、体谅他人感受的善良和反应敏捷的机智时，要发自内心地称赞。如果孩子也有类似的品质，父母可以热情地补充一句："像你一样！"从小做起，这些细节将润物细无声般改变孩子的观念。

在不可避免的与他人比较的风浪洗礼中，孩子一定会被打湿甚至打倒，但是，父母帮助他们建立起来的内在稳定正向的自我衡量标准，可以帮他们更好地修复和成长。

从"担心之爱"到"欣赏之爱"

提升自我价值感的第三个方面是，建立健康的自信和自我欣赏。孩子对自己的态度往往受到身边重要他人对自己的态度的影响。当父母希望孩子更自信时，我认为不需要去提醒孩子"你要自信，不要自卑"，因为首先这是做不到的，人做不到说自信就自信。不仅如此，当有人尤其是自己的父母对你说"你要自信，不要自卑"时，其实暗指你有自卑的问题，自卑不是好事，所以你不够好。这样的表达恰恰是在降低自信，与想要孩子自信的目标是背道而驰的。因此，每一次说"你要自信一点"的时候，父母需要先问自己一个问题：可以自然而然地通过充满喜悦与欣赏的眼神以及言语和肢体行为，对孩子不断流露出"你真好"吗？还是通过眼神、语言、肢体经常在告诉孩子"你这样怎么办啊？太让人担心了"。也就是说，父母想要的目标和自己的栽培方式，是否一致？父母想要的是孩子自信，栽培方式有给孩子自信的理由、素材和证据吗？只有每一次父母对孩子优点做出肯定，才是在给孩子自信的理由、素材和证据，是在强化正向的自我衡量标准。下面我分享两个留学生的故事。

2020年夏天，一名14岁的初中留学生把自己武装得严严实实的，不敢吃不敢喝，挺过30小时的飞行和转机，最后回国。她在酒店原地隔离时，却陷入了难以自拔的抑郁，而且觉得不被父母理解，心里很难受，每天哭。如果你是她父母，你想不想帮她？肯定想。而帮一个人的第一步是理解她。为什么她盼星星盼月亮终于回国，最后反而抑郁了？是因为在酒店隔离受限很无聊吗？这是一方面，但不是全部。让我们想象一下，她在回国之前经历了什么？

反复查看机票和航班动态，能不能走成、什么时候能走一直困扰着她；突然确定起飞，打鸡血一样快速收拾行李、寄存、处理各种杂事；起飞前一天睡不好；起飞当天，穿戴好防护服、护目镜、口罩，因担心被感染而紧张不安，我们可以想象她的心情吗？有"末世求生"般的悲壮和高度警戒。而且穿成这样，很热很闷，尽量不吃不喝，睡也睡不好，长达30小时体力消耗、神经紧绷。当她突然到达酒店的床上，紧绷的那股劲一下子全泄了。

大家有没有过这种经历——当你工作学习特别忙的时候不生病，一忙完突然生病了。当终于可以松弛下来的时候，我们会松弛得很彻底，从之前不正常的高亢，突然坠入不正常的低落。这解释了她的抑郁、疲惫、难过，什么都没兴趣，躺在床上连手机都懒得看。

那为什么觉得父母不理解她呢？因为她其实很想让爸妈也觉得她这一行非常壮烈；她希望有人陪她像看电影一样，看她这一路的可圈可点之处，心跟着她揪着，并且赞叹她能干、防护做得跟医护人员一样专业周密，赞叹她各种辛苦和不容易，为她睁大眼睛、为她点头、为她惊叹。她希望她的高亢能有人共鸣。然而她的父母只是说"好，你回来了"。如同一部壮烈大片被压缩成了四个字"你回来了"，她觉得没有观众，没人分享，没有回音，非常孤独，非常失落。

以上只是一个例子，重点是，如果父母了解自己的孩子，就更有可能知道他的需求是什么。即使不知道，也没关系，在孩子和父母联系的时候，父母就努力练习，集中注意力地倾听他，听他说的话，以及背后的情绪。基于这些，父母就会知道孩子现在在想什么、有什么需求，以及可以怎么支持他帮助他。

另外一名18岁的高中留学生，在美国疫情刚开始的时候，担心自己的安全，也担心公共卫生。于是，向学校老师介绍有关口罩的文化差异，希望得到校方的理解，允许中国学生戴口罩。然而最后没能说服校方，他挺伤心的。当时在中国网络上又看到有人说留学生回国是"添乱""千里投毒"。所以他对我说："我感到两边不讨好，国内国外两头受歧视。"在这样一个挫败失落的心境下，他的父母又不认同他找学校的做法，担心他给自己找麻烦、不安全、浪费精力等。我们可以想象他什么心情吗？他觉得很委屈很疲惫，在失落的梦里哭醒。

这时，父母怎么做才能帮助他呢？那就是客观地看到这个孩子展现出的闪光点，看到在疫情和逆境中，孩子所展现出的主动性、领导力、先见之明和坚强。一方面，几乎没有孩子不想让父母为他们骄傲，就算有的孩子出于各种原因，看似不在乎父母的看法，但他们在一开始的时候，也是希望父母为他们骄傲的；而另一方面，几乎没有父母不担心孩子。而担心传递出来的信息往往是：哎呀，你搞不搞得定啊？我觉得你搞不定！你搞不定那就糟了！

换言之，父母如果只用担心来表达爱，这个爱是以看低了孩子的能力为代价的，会让孩子也对自己没信心，或者逆反。这个爱是有压力的，但爱不是只有担心的成分啊！比如，谈恋爱刚开始时不会就担心人家吧，而是觉得眼前一亮——"这人真不错"，是欣赏。那么父母对孩子的爱，是不是也可以多一点欣赏呢？多一点眼前一亮——"这孩子真不错"，多一点被他吸引。这样的爱，才能给孩子信心。

眼前一亮，父母的目光像灌溉植物的水源，照射植物的阳光，滋养植物的养分，倾注在孩子身上。只要父母的目光时时透露着"哎哟，我就忍不住看你，就好爱你，你怎么这么优秀，这件事好能干，这地方很特别"，不需要言语，孩子都感受得到他处于充足的阳光雨露之下、充足的爱之中。孩子希望被这样的目光照见，如同植物向着太阳伸展倾斜。如果父母一开始很难做到用欣赏的态度去看孩子，那么至少用一种比较平缓的态度对待孩子，但先不要有伤害。

所有人，尤其是孩子，都渴望被爱、被关注、被重视、被喜欢、被信任、被欣赏。如果父母发自内心欣赏一个孩子，看他的目光会不一样，透着不一样的光芒，孩子会感受得到。在他迷失、抑郁、厌世的时候，来自父母的目光，会为他提供一个地基，会帮他接受自己、发现自己的价值。每次父母发自内心信任和欣赏孩子，都是在为孩子信任和欣赏自己做出示范，培养"我还行"的自我价值感。

从"父母该怎么做"到"孩子会怎么做"

提升自我价值感的第四个方面是，提高自我效能感。心理学家阿尔伯特·班杜拉（Albert Bandura）将自我效能感定义为人们对自己完成任务和达成目标所需能力的信念。高自我效能感的人，认为自己能做到、做好，因此更容易迎接挑战，承担自己的责任。低自我效能感的人则反之，预设自己做不到，躲开挑战，回避责任。从班杜拉的社会认知理论（social cognitive theory），到马丁·塞利格曼的抑郁习得性无助理论（learned helplessness），再到以卡尔·弗里斯顿（Karl Friston）、克拉斯·斯蒂芬等人为代表的预测处理理论都指出，自我效能感在抑郁症中起到核心作用，是抑郁反应的中介。具体而言，长期心理压力会导致身心平衡失调和自我效能感降低，而自我效能感低下又会带给人负面的预期，更容易发生逃避或自我破坏性行为，于是完不成任务、达不到目标，而这样的结果又证实了负面的预期，进一步降低自我效能感，诱发或恶化抑郁症。提高自我效能感离不开培养"对自己负责"的意识和能力（即第3章所说的自我引导性）。在有一定保护的情况下（参考第8章），给孩子参与决定的机会。围绕孩子的日常与发展，有无数的决定需要做。父母通常会把做决定的责任揽到自己身上。有的父母无意识地忽略了孩子也有做决定的想法和立场，而有的父母无意识地低估了孩子也有做决定的能力。而越是没能力越需要锻炼。如果不逐步培养孩子做决定的能力，不仅不利于孩子的主观能动性和自我价值感的培养，也容易给父母带来"麻烦"。比如，父母决定的不是孩子想要的，打乱了孩子的节奏，引起孩子的逆反情绪。

如何给孩子参与决定的机会呢？处理和孩子有关的事情时，如果父母有需要问自己"我该怎么做"的时候，不妨提醒自己去想想另一个至关重要的问题，那就是："孩子会怎么做？"随着孩子的成长，很多决定可以逐步从"父母该怎么做"过渡到"孩子会怎么做"时。当父母试着去了解"孩子会怎么做"时，孩子从父母的行为的客体转变为具有主观能动性的主体。每次孩子参与讨论、影响决策的时候，都是其自我效能感得到踏实提升的时机。

比如，一位高一学生的妈妈，想知道什么情况下让孩子参加课外辅导班比较合适。"孩子物理成绩不理想，一方面想等她自己调整，另一方面又时常感到时不我待，我不知道该怎么把握好帮孩子报辅导班的节奏，我该怎么办呢？"其实这位妈妈是很有心的，她想干预但能克制自己想干预的心，愿意给孩子自我调整的机会和空间。在面谈中，我问她："你觉得如果让孩子来想，她会怎么办？"这位妈妈想了很久："我不知道。"我说："我们不知道就对了。因为我们不是孩子，要做出恰当的决策，需要的很多信息只有孩子清楚。我们可以问问她。""怎么问呢？""我们可以让孩子加入这个决策过程。比如我们可以去问孩子关于辅导班的看法，孩子有没有听说某些辅导班，孩子希望上的辅导班是什么样的，上辅导班希望达到什么目标，对辅导班有什么顾虑，什么时间的辅导班适合现有的学习安排和生活作息……"

后来，妈妈的确去问孩子："你会怎么办？"一开始，孩子很快地回答："我不知道。"因为她习惯了由妈妈来做决定，但当她发现妈妈是真的在问她要怎么办时，孩子一下子不太习惯，有点吃惊，然后似乎开始思考，最后还是慢慢地说："我也不知道。"这时，妈妈用提问式的交谈方式来启发双方共同思考。几天后，她们做出了明确的可衡量的计划，而且整个过程进行得很愉快。

如果你会因有关孩子的决定而焦虑，与其猜测或忧心忡忡，不如让孩子也参与进来。父母不需要单方面帮孩子做决定。可以把需要抉择的问题和孩子讨论，听听孩子的想法，并且考虑按照孩子的决定来试试。需要注意的是，讨论时得真正准备好从"我该怎么办"转为"你会怎么办"，心态才能客观、平静。通过提问，和孩子一起把信息搜罗完整，再用逻辑推理和共情理解，挑选出有限选项中相对最优的解决方案。从"我该怎么办"到"你会怎么办"看似交出权力，其实是父母在培养孩子的主观能动性，提升孩子的自尊、自信和自我价值感。

在了解"孩子会怎么做"的过程中，如果发现孩子的想法和自己的不一致，怎么办？首先，在讨论的过程中，父母可以尽量把自己的倾向放在一边，心里不要想着说服孩子。不要因为自己是家长、是大人，就非要推进自己的决议，一旦孩子不配合，作为"上级领导"就很头痛，一个劲儿地想说服"下级"来配合自己。当父母急于把孩子"拧"成向自己看齐时，孩子会感到自己被粗暴地对待了。

相反，可以假设现在就是一次职场上的圆桌会议，孩子已经长大了，他在公司里为自己的一个设计方案争取实施的机会，父母要给他空间去解释自己的想法。在孩子侃侃而谈、畅所欲言的时候，父母就不能着急否定和打压他，要更愿意去鼓励和支持他。父母可以对孩子说："我想听你说说为什么，你一定有你的原因。"父母要做好准备去了解，不去做是非、对错、好坏的评判，让孩子感觉到父母非常希望给他这个舞台，只要他肯说，父母就特别愿意听。信任"孩子的情绪、想法、行为一定有他的原因"，哪怕我们不认同，但是我们把它作为事实来尊重，并且愿意试着去感同身受。孩子感到父母对自己的尊重——即使不认同我，但仍然重视我合理的地方——这对于孩子发展出健康的自我价值感很有帮助。

只要孩子愿意说，机会就来了，即了解孩子、提升孩子效能感、增进感情的机会。在孩子表达自己的过程当中，一旦发现他有思想、有逻辑、有个性、有长处时，一定要及时真诚地予以肯定。如果发现孩子的想法其实还不错，可以欣慰而大方地肯定他"青出于蓝胜于蓝"。即使不同意他的观点，仍然可以说："虽然我不认同你这个结论，但是你有表达观点的勇气，而且你的这些想法体现出你有观察和独立思考的能力"，或者"你情绪很饱满，表达能力很强，结合例子，讲得很生动，我不由自主就被你吸引"……给出具体的正面反馈。这样不就在帮助他提高自我效能感吗？

当意见不一致时，双方都把自己的想法和理由陈述出来，互相尊重地讨论，既有自己的想法，又不固执己见。如果发现他说的有严重偏离事实的地方，父母可以把自己了解到的事实讲出来，进行对比、分析、判断，帮助他规避风险。培养孩子的协商能力，其实是在为孩子的将来做准备，而且是在一个安全的环境下为将来做准备。让孩子有机会先在安全的环境当中去练习如何据理力争。如果孩子感到自己能力提高了，孩子会更有安全感，更有面对未来的勇气。在孩子提升能力和自信的同时，父母也有机会看到孩子的成长，仿佛看到孩子长大以后在社会上独立时的样子。这如同辛勤养育后看到收成，何尝不是一份慰藉。

这里再分享一个案例。一名初中生想专注于竞赛，但是父母觉得还是应该先注重培养综合能力。双方意见不一致，谁也说服不了谁，争吵和冷战之下，家长问：该如何考虑和解决这个问题呢？通过尝试上述方法，家长最后同意孩子去试一试，用一个学期时间去观察效果。一个学期后，发现这个决定还是不错的，但这不是最重要的收获。更值得一提的是，后来这名学生参加一次重大比赛，出现胆怯畏难的情绪，这时我提醒家长：我们不需要给孩子灌输心灵鸡汤，只要说"你还记不记得你当时选择竞赛，我们为了求稳都劝你不要这么做，但是你坚持了你的想法，也说服了我们，结果你一路走得很好，走得太好了才会遇到今天这个这么重要的比赛。现在你遇到的确实是一个挑战，但是不要忘了你擅于迎难而上啊"。这样基于她的亲身经历的鼓舞，在她暂时失去力量的时候，帮助她重新和自己内在的力量联结起来了。所以，问"孩子会怎么做"，让孩子参与决定，在讨论中看到和肯定孩子的闪光点。这种被父母尊重、自主选择的探险会是孩子人生中很难忘的一件事。

从"被孩子嫌弃"到"共同成长"

提升孩子自我价值感的第五个方面是，给孩子做思想领导者的机会，努力缩小代沟、向孩子靠拢。

诺贝尔经济学奖得主丹尼尔·卡尼曼（Daniel Kahneman）的巨著《思考，快与慢》(*Thinking，Fast and Slow*)，描述了大脑思考方式的两个系统：一个"不费力"的系统与一个"懒惰"的系统。而这两个系统的存在、合作、冲突都体现了一个法则：最小努力法则。"这个法则主张，如果达成同一个目标的方法有多种，人们往往会选择最简单的那一种。在经济行为中，付出就是成本，学习技能是为了追求利益和成本的平衡。因为懒惰是人类的本性。"

最小努力法则在心理层面的应用是"心智成本最小化"。也就是，我们在进行心理活动的时候，会有节约心智资源、降低心智成本的倾向。因为改变需要消耗巨大的成本。包括：需要收集信息——这是信息成本；需要对信息做理解、推理、比较、权衡，用新信息修改旧系统，协调，整合——这是认知成本；新信息给旧系统带来的心理冲击、修改旧系统时的抵触、愤怒、矛盾、痛苦等，是心理成本；以上有一个过程，不会一蹴而就——这是时间成本。所以说，改变观念，寸步千里，着实不易。我们很容易因耗费那么多心智而放弃改变，这是可以理解的。

然而父母与孩子观念上的鸿沟不仅时常会破坏父母和孩子的关系，而且可能伤害孩子的自我价值感。如果父母已有观念是"疯子才看心理医生""同性恋是病"，而在孩子心中，"即使健康人失眠、失恋、压力大、对未来迷茫等也可以去做心理咨询""不应该恐同"。双方势必产生冲突，孩子可能指责父母肤浅落后，把父母的观点置若罔闻，抑或把自己封闭起来。

人们对事物的好恶之分是基于成长过程中所受到的方方面面的影响而产生的，比如家庭、学校、职场、社会等。有些在孩子们眼里"不正确"且"可耻"的观念，但父母却认为是正确的，不是说改就能改的。与此同时，时代在向前，越来越允许、包容、尊重甚至欣赏"不同"。如果说多元化是一趟列车,父母可能从来没有真正坐过,而孩子小小年纪就已经坐上了。因此,在多元化进程上,父母和孩子本来就不在一个起点。这不是谁的错,这是希望孩子可以理解父母的一点。如果父母的"滞后"给亲子关系带来了隔阂与伤害,怎么办?每当这时,父母感觉没办法互相理解,父母想和孩子在一起,但他却有些嫌弃。除了生气,父母能做什么?有没有可能和孩子继续同行呢?要和孩子同行意味着父母要改变观念,而改变观念又不容易,这事值得做吗?这需要每个人给出属于自己的答案。

如果父母无比重视与孩子的联结,从而愿意搭上孩子的"车"试试,那具体怎么做呢?从两个方面着手:情绪和思辨。第一,避免用情绪性的语言来攻击和伦理上的制高点来打压。比如,有位受访者给了这样一个例子:"我父母就特别不能接受文身,说看了就不像好人。其实很多反对文身的观点我是可以接受的,比如有些工作单位不接受有文身的人,可能会影响器官移植等,这些起码都还是在讲道理、摆证据。然而父母一上来就说看起来就不像好人,那就没有再聊下去的意思了。"父母的目的虽然是表达自己,但不能以失去对方、孤立对方、敌对对方、边缘化对方为代价,这样对方才会真的愿意留在这场谈话中。如果大棒一挥把人打跑了,那虽然表达了自己,但也失去了对方。

第二,避免把"对错"当口头禅。其实父母都知道,所有事情都存在不同的侧面,只是有时忍不住把对错挂嘴边,尤其对孩子的安全和利益担心、着急、生气的时候,这特别可以理解。然而,如果一直向孩子示范从对错角度看问题,孩子很难考虑多个方面,很难形成细腻、灵活、复杂的思辨能力与习惯。随着孩子不断学习、成长,思维开始变得更多元多维。这时,父母的对错认定的二元一维与孩子的具体分析的多元多维,会无法接轨,双方交流不畅,甚至发生剧烈冲突。

第三，就事论事，摆证据，同时接受结论的局限性。举一个最简单的例子，想让孩子吃坚果，不能笼统说坚果"好"，而是得说说坚果里面具体有哪些种类的营养。这样更有说服力（因为罗列出了证据），客观（好坏评价是主观的，而信息是客观的），能调动孩子的好奇心（他学到知识，产生兴趣），符合孩子成长的自主需求（需要由自己主动做出吃坚果的决定）。即使双方达成共识"我要吃坚果，坚果好"，也需要提醒自己，坚果不是对所有人都好，某些人会过敏甚至有生命危险，我得出的结论适用于我的情况，但并不适用于所有人所有情况。

第四，如果愿意的话，父母可以鼓励孩子在家庭教育以外提高思辨能力。但是话说回来，思辨能力强的人是不容易被控制的人。父母都愿意看到孩子在外面有主见，不被别人控制。但是在家里不听话，很多父母恐怕就不乐意了（参考第9章）。这里就涉及一个根本的问题，每一位父母只能面对自己的内心，回答：我们究竟更想要一个听话的孩子还是一个有独立思考能力的孩子？

第五，父母有兴趣的话，也可以不断提高自己的思辨能力，让观念更丰富、辩证、有成长性。父母的思辨能力高，在孩子小的时候能更好地引导和培养孩子的思辨能力；在孩子的思辨能力逐步提高之后，也能与孩子持续进行高质量的对话，互相启发，让观念更新、具有适应性。

总结一下，父母可以通过有效的沟通来搭上孩子的"车"。在沟通的当下，需要心平气和地撇开对错好坏，针对客观信息，多角度地分析。能和孩子达成共识固然开心，如果不能，也要记得求同存异，允许各持己见但又不伤和气。在沟通以外的时间里，朝着孩子观点的方向，多看看多听听，愿意去了解，愿意被改变。

能做到这些，自然是不容易的，每一个和别人有过争吵经历的人，都知道这其中的不容易。不言而喻，做父母也不容易。除了关心孩子安全，还希望与孩子多交流、多了解孩子，更不容易。除了关心安全、积极交流，还有兴趣和孩子一同成长的父母，更更不容易。

父母如果不去努力，代价会很大。如果父母不愿意去看到孩子，孩子就会把自己隐藏起来。父母不想看到什么部分，孩子就隐藏什么部分。或者，拿这部分来伤害父母。父母希望休假不用做功课，但是如果父母对某些人和事物的不接纳严重影响了自己与孩子的关系，那就成了新的人生功课——不想做但还是得做的人生功课。

去"读"现在的年轻人。读了，但不懂，没办法强求。然而，去读，当作事实去承认，也许，读着读着，就懂了呢！懂了的时候，会感到豁然开朗，与孩子的关系也更加密不可分。孩子在不断成长，父母通过与孩子的交流，也在不断改变和丰富自己，而父母也愿意被孩子带着去看自己没留意过的风景。这是精神的延续、生命的延续。

✻ 本章小结

抑郁症在自我态度上的症状是低自我价值感。自我价值感低，不仅和抑郁症有关联，还会抑制个性、才能、事业、感情、生活等各方面的发展。提升儿童和青少年的自我价值感，父母要对孩子感兴趣，真诚而好奇地去认识孩子，这有利于孩子建立自我认知。父母对孩子的理解、接纳、欣赏，会潜移默化地帮助孩子对自己有理解、接纳、欣赏。通过让孩子自己做决定、对自己负责的机会，在一次次实操中搭建孩子的自我效能感。在某些有分歧的事情上，可以给孩子做思想领导者的机会，缩小代沟，向孩子靠拢，这集中体现了父母对孩子的兴趣、欣赏、信心，将成为孩子宝贵的胜任经验。

✳ 思考与练习

1. 父母记得孩子喜欢的事物变了吗?这一周,让自己像观察一个陌生人一般,重新认识孩子。试着不带个人好恶地把发现的特点客观地描述出来。

2. 找到一个话题,和孩子讨论,充分听取孩子的想法,从中发现孩子的优点,包括有可取之处的观念、思维方式、表达能力、个性、风度等。

写在最后的话

儿童期、青少年期发作过抑郁症,在成年期容易复发,而且会伴随职业、社交、身心等多方面功能受损的严重后果。所以抑郁症的干预(本书第一部分)及预防(本书第二部分)将直接而深刻地影响儿童和青少年的人生轨迹。

不论干预还是预防,也不论孩子是否获得了咨询师和医生的专业帮助,孩子都会无比获益于父母的温度与力量。父母的作用是不可替代的。然而说起来容易做起来难,日常的生活工作已经让父母劳心劳力了,养育孩子还如同不停地通关升级打怪。尤其当孩子走向或深陷抑郁症,父母更加辛劳。此外,孩子的抑郁症也可能对父母产生负面影响,这样又容易陷入恶性循环。父母如何才能成为一个稳定和有力量的存在,给孩子以积极正面的影响呢?本书讲述了许多方法。然而所有方法在最开始尝试的时候,父母都会感到"不好使"或"使不上"。这时,不必责怪自己,也别急着放弃,只需要问自己:这个方法是不是有道理?如果有道理,剩下的就是花时间多练习,在练习中提高并逐步熟练。

不论干预还是预防，都需要用动态的视角来看待。不同人的抑郁症症状不同，同一个人的状态也有起有落。它是无法被固定也不应该被固定地对待的。我们围绕治疗抑郁症的努力，也是动态的，每一次的努力都会不同。有时容易些，有时艰难些，有时效果好，有时适得其反，有时父母帮孩子，有时孩子帮父母。虽然无法肉眼可见，但是父母每一次的反思、理解、帮助，都蕴藏着孩子治愈的良机。

不论干预还是预防，都需要在练习中实现。打个比方，许多骨科问题其实是由骨头周围的肌肉、软骨和韧带等组织造成的，骨科手术也相应在这些周边组织进行。同样的道理，儿童和青少年的抑郁症往往受家族精神疾病遗传基因的影响，加上时代与社会的风险因素，受家庭氛围和家人言行的潜移默化，被亲子关系的冲突隔阂所催生，受同伴关系和师生关系的刺激，因学业压力而加剧……因此，在帮助孩子的时候，除了看到孩子，也需要把目光转向孩子周围，看到各种与孩子相关联的因素。比如，亲人是否患有未被诊断的抑郁症、躁郁症、焦虑症或其他障碍？父母有语言暴力吗？孩子在学校曾被霸凌吗？和个别老师关系紧张吗？要改变青少年的状态，离不开改变他们的环境。即使围绕孩子本身，要改善抑郁症在身体、情绪、认知、行为、关系、自我价值感任何一方面的表现，也离不开其他各个方面的改善。这种联系性，一方面让问题错综复杂，难以一目了然，另一方面也给防治带来了灵活性，增添了出路，这个角度不行还有那个角度，总有可以使得上劲儿的地方。

在各种父母可以帮助的着力点中，我最想强调的是关系。大多数时候父母教育孩子的目的是好的，但是孩子并没有变成父母想要的样子，反而出现心理问题和关系裂痕，这样的例子比比皆是。那怎么办呢？我想和各位父母共勉：不要为了追求"为他好"而轻易地伤害了你们之间的关系，尤其在孩子年幼时。未来有很多时间可以教孩子，但是如果关系不好了，他们什么都不会愿意跟我们学，心理健康风险也会随之增加，与"为他好"事与愿违。如果出于各种原因，关系和心理健康已经有损伤，也不要放弃，那不是结局。

不论干预还是预防，努力就一定有意义。从威廉·詹姆斯在1890年出版的《心理学原理》中首次提出可塑性（plasticity），到波兰神经科学家耶日·科诺尔斯基（Jerzy Konorski）于1966年首次提出神经可塑性（neural plasticity），以及美国神经科学家玛丽安·戴蒙德（Marian Diamond）于1964年首次提供解剖学上大脑可塑性的证据，再到美国神经科学家迈克尔·梅策尼希（Michael Merzenich）于20世纪80年代末找到了"经验和神经活动重塑大脑功能所遵循的机制"，至今"神经可塑性"已被广泛证实，即大脑在结构和功能两方面，持续一生都在发生着改变。大脑发展与功能变化受不同环境因素的影响，既包括感官刺激、精神药物、肠道菌群、睡眠等，也包括亲子关系、同伴关系、压力、重复性的经验。结合抑郁症，一方面，长期压力、挫折、冲突、伤害等体验，以及随之而来的负面情绪、思维、行为、生理反应，都会影响大脑的结构与功能，使人更容易做出符合负面体验的预判，引发负面情绪、思维、行为、生理反应，诱发、加重、维持抑郁症。另一方面，有抑郁症潜在风险和已发病兆的人，仍然可以通过心理治疗、自助、家庭干预、社会支持等努力，改变经验，重塑神经回路和大脑功能，建立更积极正向的身心状态和生活方式。以大脑边缘系统中的海马体为例，它既负责学习和记忆（包括短期记忆、长期记忆、空间记忆），也参与情绪调节，帮助发展健康情绪性行为。虽然抑郁症能让海马体萎缩10%，但是研究发现，慢性抑郁症给海马体带来的负面影响仍然可以被逆转。所有的努力，虽然未必能立竿见影，但积少成多、水滴石穿，最终都能有效减轻抑郁症。

因此，改变什么时候开始都比不开始要可贵，努力多少都比不努力要诚恳。如同父母希望孩子不论成绩多差都别放弃，本着"过程大于结果"

的心态，争取逆袭，那么，在增进和孩子的关系上，父母是不是也可以不气馁、不抱怨，从现在开始，能做什么做什么，能做一点是一点？当父母只问耕耘、砥砺前行，带着"我来示范给孩子看"的担当，孩子就会受到父母熏陶，学会困知勉行，做生活的勇士与智者。

本书开头描述的家庭，后来怎么样了？这对父母充分感受到了孩子的痛苦，于是事事以抑郁症为优先，铆足了劲，积极支持心理咨询和药物治疗，寻找各种资源，能想到的都想了，能用上的都用了。可是，在一段时间的好转后，令人匪夷所思的事发生了，病情又恶化了。原来，孩子的心里是抵触的。她告诉我："给我资源的时候，他们盼着立马见效，这让我很有压力，因为我不知道我什么时候能康复，我也不知道我好了之后还会不会突然复发。而且让我不是滋味的是，好像我的康复是他们的一个项目，证明的是他们的能力。"要理解孩子的这一感受并不容易，但是这对父母逐渐地做到了，一边给孩子提供安全感，一边把应对抑郁症的责任交还给孩子。更重要的是，除了孩子自身的一些抑郁因素，长久以来她对父母的许多做法心有怨愤，但又理解父母的最终目的，所以为自己对父母的怨愤而感到内疚和罪恶，撕扯与分裂时常令她的情绪陷入低谷。因此我们的工作中很大部分的内容看似与抑郁症不直接相关，而是围绕着帮助父母重建亲子关系，培养"用爱和方法去相处"。他们的关系逐渐从加重抑郁症的风险因素，变成了支持孩子康复的保护性因素。

"我想自杀的事，如同在昨天，但又很遥远，因为现在的心境不一样了，好像翻了一个山头，回不去了。以前我会为了避免失败而不行动，现在能说服自己把事情做了，即使失败，对我的杀伤力也没有那么大了。以前，我总拿自己和别人比，结果就是不如人，但是不如人不会让我采取行动，只会心烦意乱。现在，我好像很少拿自己和别人比了，更能专注于面前遇到的难题,好像处理了面前遇到的难题也就没什么功夫去想别的了。"她说起自己的变化时,有一点害羞,但眼睛亮亮的。她甚至考上了第一志愿的大学,并且在学业之余自学计算机绘图。"一年前我无法想象我会有余力学新东西。我很惊喜,很感动!"

在最后一次家庭面谈中,父母感叹说:"送孩子来心理咨询,本来只盼着把她的抑郁症治好,后来才发现,其实在孩子患抑郁症之前我们和孩子的关系就已经出现问题了,本来要改变她,结果发觉要改变我们自己,最后感觉自己好像成了更好的家长。""是的!你们做到了!"我说。

他们被抑郁症推上了这条道路,通过了解抑郁症、学习心理学、亲子教育,学习并练习用爱和方法去相处,从被动、无助、恐惧、逃避到踏实努力,从为了孩子的抑郁症吵架到一起面对使用一致的方法,甚至从因为抑郁症在亲戚朋友面前难堪到成为榜样!连孩子也说:"他们努力了,我看得到,有他们在,我感觉还是挺幸运的。"

苏格拉底说:"未经审视的生活不值得过。"我认为,父母未经审视的生活,且不论对父母值不值得过,至少对孩子绝对是非常危险的。诺贝尔文学奖得主美国作家威廉·福克纳(William Faulkner)有一句意味深长的话:"过去从未死去,它甚至还没过去(The past is never dead. It's not even past)。"孩子患抑郁症,就是最好的例证。所有的时光都从未"过去"。如果未经审视,我们会下意识地重复再重复,直到生活中的意外把我们推搡或撞击出原有的轨道,也就是说,我们很难改变,除非被迫地发生变化。这种维持惯性的主旋律里穿插些被动变化,演奏下去,往往不会越来越好。只有持续进行审视,我们才可能自主地选择改变。这样的乐章,才可能越来越精彩。每一天,都未过去;每一天,我们都有机会守护身心健康,好好相处,为了孩子。祝福所有家庭,我们共勉。

全书读后挑战

恭喜你！读完了这本书。现在到了把所学融会贯通、付诸实践的时候了！

1. 最大的收获是什么？

2. 什么是现在可以做出的改变？

如果以帮助患抑郁症的孩子康复或者预防孩子抑郁为目标，你愿意和决心做出什么改变？把这个改变具体到一两处具体得不能再具体的、小得看似不起眼的、容易得不可能做不到的细节行为上。

3. 写给自己和孩子的话

在拿起这本书之前，我们都已经是一个个有经验的父母了。带着问题和求知欲，我们翻开了这本书。而合上这本书时，我们的内心又走过了一段旅程，来到了一个新的地方。接下来的路有许多的可能，我们会做得更好，我们也会帮助孩子变得更好。下面是你想写给自己和孩子的话。

写给自己的话：
_____
_____
_____

写给孩子的话：
_____
_____
_____

致　谢

在临床心理学和其他助人领域，我遇到了令我无限敬重的师长们，三生有幸。感谢江光荣老师启蒙，临床道路上各位督导悉心教诲，很多对话终生难忘，Dr. Rosely Traube 让我发现疗愈的本质，作家 Jeanna Smith 鼓励我找回心中的读者，Dr. Bea Holland 敦促我承担更大的社会责任。在各个阶段，你们看到了我还没看到但想成为的自己，你们的言传身教给了我实现更多可能性的方向和力量。

当我闭上眼睛时，这些年来的来访者，从学生到家长，一张张面孔，在我脑海中一一浮现。做出进行心理咨询和治疗的决定，需要巨大的勇气。感谢你们的信任。你们给我机会聆听、理解，一起寻找你们真正的需求以及实现需求的途径，见证你们从过往的难与痛中获得力量，活得更舒展……记得我的第一位来访者曾经对我说："我认为你有一天会出书，那时我希望你能提到我。"谢谢你，谢谢你们。正是因为你们，我才有一种"不写过不去"的巨大动力。

感谢江光荣老师、Dr. Albert Yeung、童慧琦博士在百忙中阅读书稿，并提供真诚而宝贵的反馈。也谢谢朵拉陈咨询师、姗姗导演、曾峥及各位"杨意谈心"团队里的小伙伴，谢谢你们投入的时间和热情。这本书从草稿到出版，凝结了出版社许多工作人员的努力，尤其感谢刘利英编辑。最后，感谢家人。如果没有父母和先生的支持、分担与关爱，完成这本书的撰写是不可能的。在我对着电脑写不出东西的时候，孩子会冲上来给我一个大大的拥抱，把他的创造力"输送"给我。有一次，他还好心地出主意："妈妈，你不知道写什么的时候，可以写我从出生开始的故事呀。"也许我得努力在他长大之前兑现。

感恩一路上经历的善意，也请允许我借此书把善意回馈和传播。

参考文献

[1] Burns D D. Feeling great: the revolutionary new treatment for depression and anxiety [M]. Eau Claire: PESI Publishing & Media, 2020.

[2] Celikel F C, Kose S, Cumurcu B E, et al. Cloninger's temperament and character dimensions of personality in patients with major depressive disorder [J]. Comprehensive psychiatry, 2009, 50 (6): 556-561.

[3] Gotlib I H, & Hammen C L. (Eds.) Handbook of depression [M]. New York: The Guilford Press, 2002.

[4] Hankin B L. Cognitive vulnerability-stress model of depression during adolescence: investigating depressive symptom specificity in a multi-wave prospective study [J]. Journal of abnormal child psychology, 2008, 36 (7): 999-1014.

[5] Krupnik V. Depression as a Failed Anxiety: The Continuum of

Precision-Weighting Dysregulation in Affective Disorders [J]. Frontiers in psychology, 2021 (12): 657-738.

[6] Limbana T, Khan F, & Eskander N. Gut Microbiome and Depression: How Microbes Affect the Way We Think [J]. Cureus, 2020, 12 (8), e9966.

[7] Łojko D, & Rybakowski J K. Atypical depression: current perspectives [J]. Neuropsychiatric disease and treatment, 2017 (13): 2447-2456.

[8] MacQueen G, & Frodl T. The hippocampus in major depression: evidence for the convergence of the bench and bedside in psychiatric research [J]. Molecular psychiatry, 2011, 16 (3): 252-264.

[9] Mondimore F M, & Kelly P. Adolescent depression: a guide for parents [M]. 2nd ed. Baltimore: Johns Hopkins University Press, 2015.

[10] Nelsen, Jane. Positive discipline [M]. New York: Ballantine Books, 2006.

[11] Pittenger C, & Duman R S. Stress, depression, and neuroplasticity: A convergence of mechanisms [J]. Neuropsychopharmacology, 2008, 33 (1): 88-109.

[12] Romer D. Adolescent risk taking, impulsivity, and brain development: implications for prevention [J]. Developmental psychobiology, 2010, 52 (3): 263-276.

[13] Schulkin J. (Ed.). Allostasis, homeostasis, and the costs of physiological adaptation [M]. Cambridge: Cambridge University Press, 2004.

[14] Serani D. Depression and your child: a guide for parents and caregivers [M]. London: Rowman & Littlefield, 2013.

[15] Shulman E P, Smith A R, Silva K, et al. The dual systems mode: Review, reappraisal, and reaffirmation [J]. Developmental cognitive neuroscience, 2016 (17): 103-117.

[16] Teicher M H, Samson J A, Anderson C M, et al. The effects of childhood maltreatment on brain structure, function and connectivity [J]. Neuroscience, 2016, 17 (10): 652-666.

[17] Zahn-Waxler C, Klimes-Dougan B, & Slattery M J. Internalizing problems of childhood and adolescence: prospects, pitfalls, and progress in understanding the development of anxiety and depression [J]. Development and psychopathology, 2000, 12 (3): 443-466.

[18] Zisook S, Lesser I, Stewart J W, et al. Effect of age at onset on the course of major depressive disorder [J]. The American journal of psychiatry, 2007, 164 (10): 1539-1546.

[19] 傅小兰，张侃，陈雪峰，等. 中国国民心理健康发展报告（2019～2020）[M]. 北京：社会科学文献出版社，2021.

[20] 杨东平，杨旻，黄胜利. 教育蓝皮书：中国教育发展报告（2018）[M]. 北京：社会科学文献出版社，2018.

[21] 杨东平，杨旻，黄胜利. 教育蓝皮书：中国教育发展报告（2019）[M]. 北京：社会科学文献出版社，2019.

[22] 中华医学会精神病学分会. 中国精神障碍分类与诊断标准第三版（精神障碍分类）[J]. 中华精神科杂志，2011，34（3）.